U0180762

工业企业
防震减灾工作指南
（第 2 版）

易桂香　李永录　李晓东　高鹏飞　主编

北　京
冶 金 工 业 出 版 社
2023

内容提要

本书分为管理篇和技术篇,管理篇介绍了企业防震减灾工作的目标和任务、地震灾害的预防措施、地震应急与抗震救灾以及震后恢复与重建等内容,并分析了两组案例;技术篇介绍了工业设备的震害与抗震对策、震损工业建筑的剩余抗震能力评价、工业设备的震害与抗震对策、增强生命线抗震能力的途径、大型冶金企业防震减灾系统等。

本书可供工业企业安全管理人员、工业建构筑物安全鉴定技术人员阅读参考。

图书在版编目 (CIP) 数据

工业企业防震减灾工作指南 / 易桂香等主编 . —2 版 . —北京:冶金工业出版社,2023. 12

ISBN 978-7-5024-9673-9

Ⅰ.①工… Ⅱ.①易… Ⅲ.①工业企业—地震预防—指南 Ⅳ.①P315.9-62

中国国家版本馆 CIP 数据核字 (2023) 第 246470 号

工业企业防震减灾工作指南 (第 2 版)

出版发行	冶金工业出版社	**电 话**	(010)64027926
地 址	北京市东城区嵩祝院北巷 39 号	**邮 编**	100009
网 址	www. mip1953. com	**电子信箱**	service@ mip1953. com

责任编辑 曾 媛 赵缘园 美术编辑 燕展疆 版式设计 郑小利
责任校对 李欣雨 责任印制 禹 蕊
三河市双峰印刷装订有限公司印刷
2005 年 5 月第 1 版,2023 年 12 月第 2 版,2023 年 12 月第 1 次印刷
710mm×1000mm 1/16;11.5 印张;219 千字;167 页
定价 69.00 元

投稿电话 (010)64027932 投稿信箱 tougao@ cnmip. com. cn
营销中心电话 (010)64044283
冶金工业出版社天猫旗舰店 yjgycbs. tmall. com
(本书如有印装质量问题,本社营销中心负责退换)

本书编委会

主　任　易桂香

副主任　李永录　李晓东　高鹏飞

编　委

中冶建筑研究总院有限公司	席向东	夏　钰	王广浩	孙　琛
	陈　浩	韩腾飞	赵立勇	段威阳
	郭永泉			
中冶检测认证有限公司	史夏杰	杨瑞芳	邱金凯	逯　鹏
中国京冶工程技术有限公司	袁　瀚	高　涛		
上海梅山钢铁股份有限公司	李欣伟			
马鞍山钢铁股份有限公司	张　亮			
台山核电合营有限公司	崔建军			
凌源钢铁集团有限责任公司	侯海波			
一汽解放汽车有限公司	赵　京	韩　鹏		

前　言

我国党和政府历来十分重视防震减灾工作，改革开放以来我国防震减灾事业不断发展，在总结、探索和借鉴的基础上，逐步走出了适合我国国情的防震减灾道路并取得长足进展。新实施的《"十四五"国家防震减灾规划》，深入贯彻落实了习近平总书记关于防灾减灾救灾的重要论述和防震减灾重要指示批示精神。我国经历的数次地震均已表明，贯彻落实《中华人民共和国防震减灾法》《破坏性地震应急条例》《地震监测设施和地震观测环境保护条例》等法律法规，对加强抗震设防、减轻地震灾害损失至关重要。

《工业企业防震减灾工作指南》第 1 版的出版时间为 2005 年。从 2005 年至今，各工业企业根据当地实际情况开展了一系列防震减灾工作——对既有建构筑物及生产设备开展了抗震鉴定及抗震加固工作，对新建工程、改扩建工程全面实施抗震设防并编制抗震防灾规划和地震破坏应急预案。但目前就全国而言，地区间、企业间防震减灾工作开展仍不平衡，不少中小企业、地方企业或地震设防烈度较低的地区，防震减灾工作实施较为滞后。此外，相较于 2005 年，防震减灾的政策要求、管理要求和技术发展，以及企业的经济基础和工作条件都发生了显著变化，因此行业迫切需要紧跟时代发展的工作指南以扎实有力地指导防震减灾工作。基于防震减灾新形势，坚持人民至上、生命至上，坚持以防为主、防抗救相结合的新时代防震减灾理念，我们结合当前的政策规定、管理要求、规范更新、技术进步以及企业发展形势，在第 1 版的基础上进行更新调整，形成《工业企业防震减灾工作指南》第 2 版，使防震减灾工作与时俱进、有章可循，为全面建设习近平新时代中国特色社会主义现代化国家提供地震安全保障。

为尽量做到内容充实、详细，推动、指导防震减灾工作平稳有序开展，本书按管理篇、技术篇论述汇编。管理篇详细阐述企业减灾工作的目标和任务、地震灾害预防措施、地震应急与抗震救灾、震后恢复与重建，还增加了企业的实际管理案例；技术篇紧跟时代发展要求，紧扣前沿技术理念与最新研究成果，分为工业建筑的震害与抗震对策、震损工业建筑的剩余抗震能力评价、工业设备的震害与抗震对策、增强生命线抗震能力的途径、大型冶金企业防震减灾系统等章节。

本书在组织、编写工作中，得到了中国冶金建设协会和各编制单位的支持，在此表示衷心的感谢；本书受到了国家重点研发计划课题"震损建筑基于剩余抗震能力的地震现场安全性量化鉴定方法研究"（2019YFC1509303）的资助，特此致谢。

防震减灾工作涉及面广，是一门包括技术、经济、社会、法律等多学科的系统工程，要在书中详尽论述实为困难，书中不妥之处在所难免，敬请读者提出宝贵意见或建议。

编　者

2023 年 9 月

目 录

管 理 篇

1 企业防震减灾工作的目标和任务 ………………………………………… 3

1.1 我国防震减灾工作的指导思想 ………………………………… 3
1.2 企业防震减灾工作的基本防御目标 …………………………… 4
1.3 企业防震减灾工作的任务 ……………………………………… 4

2 地震灾害的预防措施 …………………………………………………… 6

2.1 组织管理措施 …………………………………………………… 6
2.1.1 建立企业防震减灾管理体系 ……………………………… 6
2.1.2 企业防震减灾的管理机构与职责 ………………………… 7
2.1.3 建立企业防震减灾法规体系 ……………………………… 10
2.1.4 实行企业防震减灾工作责任制 …………………………… 11
2.2 防震减灾规划的编制与实施 …………………………………… 11
2.2.1 "规划"的目的和意义 …………………………………… 11
2.2.2 "规划"的内容 …………………………………………… 11
2.2.3 "规划"的编制程序 ……………………………………… 18
2.3 切实开展新建工程的抗震设防 ………………………………… 23
2.3.1 总则 ………………………………………………………… 23
2.3.2 工程选址 …………………………………………………… 24
2.3.3 设防标准 …………………………………………………… 24
2.3.4 抗震设计 …………………………………………………… 26
2.3.5 施工验收 …………………………………………………… 26
2.4 抓紧进行原有工程的抗震加固 ………………………………… 27
2.4.1 总则 ………………………………………………………… 27
2.4.2 抗震鉴定 …………………………………………………… 28
2.4.3 加固设计 …………………………………………………… 28
2.4.4 设计审批 …………………………………………………… 28

　　2.4.5　工程施工 ……………………………………………… 29

　　2.4.6　竣工验收 ……………………………………………… 29

　2.5　破坏性地震应急预案的编制 ……………………………… 30

　　2.5.1　破坏性地震应急预案的主要内容 …………………… 30

　　2.5.2　破坏性地震应急预案的编制 ………………………… 34

　2.6　防震减灾宣传与培训演练 ………………………………… 36

　　2.6.1　防震减灾宣传 ………………………………………… 36

　　2.6.2　岗位应急操作的培训、操练 ………………………… 39

　　2.6.3　救灾队伍的专业培训和演练 ………………………… 39

　　2.6.4　防震减灾演习 ………………………………………… 40

　2.7　疏散与守岗避震措施 ……………………………………… 40

　　2.7.1　疏散避震 ……………………………………………… 40

　　2.7.2　守岗职工的避震防护 ………………………………… 42

　2.8　其他措施 …………………………………………………… 42

　　2.8.1　防震减灾计算机管理系统 …………………………… 42

　　2.8.2　抗震科研 ……………………………………………… 43

　　2.8.3　地震保险 ……………………………………………… 44

　　2.8.4　防震减灾信息化平台 ………………………………… 45

3　地震应急与抗震救灾 …………………………………………… 46

　3.1　地震预报与地震应急 ……………………………………… 46

　　3.1.1　国家关于地震预报的规定 …………………………… 46

　　3.1.2　国家关于地震应急期的规定 ………………………… 46

　　3.1.3　地震应急的工作内容 ………………………………… 47

　3.2　指挥机构应急行动方案 …………………………………… 47

　　3.2.1　应遵循的基本原则 …………………………………… 47

　　3.2.2　工作程序 ……………………………………………… 48

　　3.2.3　震情报告程序及时限 ………………………………… 49

　3.3　应急通信保障 ……………………………………………… 50

　　3.3.1　临震通信 ……………………………………………… 50

　　3.3.2　震后通信 ……………………………………………… 51

　3.4　生产应急措施 ……………………………………………… 51

　　3.4.1　临震应急措施 ………………………………………… 51

　　3.4.2　震后应急措施 ………………………………………… 52

3.5　伤员抢救 ……………………………………………… 53

　　3.5.1　排险抢救 …………………………………………… 53

　　3.5.2　医疗救护 …………………………………………… 55

3.6　消防与治安 …………………………………………… 56

　　3.6.1　地震消防 …………………………………………… 56

　　3.6.2　治安保卫 …………………………………………… 57

　　3.6.3　交通管制 …………………………………………… 58

3.7　生活安置 ……………………………………………… 58

　　3.7.1　生活物资的供应 ……………………………………… 58

　　3.7.2　防震棚的搭建 ………………………………………… 59

　　3.7.3　卫生防疫 …………………………………………… 60

3.8　新闻宣传 ……………………………………………… 60

　　3.8.1　应急宣传 …………………………………………… 60

　　3.8.2　救灾宣传 …………………………………………… 61

　　3.8.3　新闻管制 …………………………………………… 61

　　3.8.4　谣传处理 …………………………………………… 61

3.9　震害评估准备 ………………………………………… 62

　　3.9.1　震害评估 …………………………………………… 62

　　3.9.2　调查分类及统计 ……………………………………… 63

　　3.9.3　调查程序及时限 ……………………………………… 64

4　震后恢复与重建 ……………………………………… 65

4.1　震害调查与总结 ……………………………………… 65

　　4.1.1　调查内容及分类 ……………………………………… 65

　　4.1.2　调查程序 …………………………………………… 66

　　4.1.3　调查总结 …………………………………………… 66

4.2　生产恢复 ……………………………………………… 66

　　4.2.1　组织领导 …………………………………………… 66

　　4.2.2　抢修的原则 ………………………………………… 66

　　4.2.3　震后生产组织 ………………………………………… 67

4.3　生活安置 ……………………………………………… 67

　　4.3.1　居所安置 …………………………………………… 67

　　4.3.2　生活供应 …………………………………………… 67

　　4.3.3　医疗卫生 …………………………………………… 68

　　4.3.4　其他安置工作 ………………………………………… 68

5　管理案例 ·· 69

　5.1　某企业抗震救灾总指挥部及下设机构的主要职责 ·················· 69

　　5.1.1　总指挥部 ··· 69

　　5.1.2　下设机构 ··· 69

　5.2　某钢铁企业有关部门的专业"预案"内容 ·························· 74

　　5.2.1　企业生产调度方案 ··· 74

　　5.2.2　企业动力系统应急预案 ······································· 74

　　5.2.3　企业工程预案 ··· 75

　　5.2.4　通信预案 ··· 75

　　5.2.5　企业灾害评估准备 ··· 75

参考文献 ·· 76

技　术　篇

6　工业建筑的震害与抗震对策 ·· 79

　6.1　工业建筑震害 ··· 79

　　6.1.1　工业厂房震害 ··· 79

　　6.1.2　构筑物的震害 ··· 81

　　6.1.3　地质灾害造成的震害 ··· 82

　6.2　工业建筑抗震的必要性 ······································· 82

　6.3　建筑抗震鉴定和加固的依据 ··································· 83

　6.4　隔震和消能减震技术 ··· 83

　　6.4.1　工程结构隔震减震技术概述 ··································· 83

　　6.4.2　工程结构隔震减震技术原理 ··································· 85

　　6.4.3　工程结构隔震减震技术的应用 ································· 89

　　6.4.4　应用实例 ··· 95

7　震损工业建筑剩余抗震能力评价 ·· 98

　7.1　工业建筑典型震害 ··· 98

　7.2　震损工业建筑剩余抗震能力试验 ······························ 100

　　7.2.1　单层钢筋混凝土排架厂房 ···································· 100

　　7.2.2　砌体厂房 ·· 102

7.3　震损工业建筑剩余抗震能力评价方法 ……………………… 105

7.3.1　单层钢筋混凝土排架厂房 ………………………… 105

7.3.2　砌体厂房 ………………………………………… 115

8　工业设备的震害与抗震对策 ……………………………………… 124

8.1　工业设备震害 ……………………………………………… 124

8.1.1　包头地震设备震害 …………………………………… 124

8.1.2　其他设备震害 ………………………………………… 125

8.2　工业设备抗震的必要性 …………………………………… 126

8.2.1　政府部门需要 ………………………………………… 126

8.2.2　企业及社会需要 ……………………………………… 126

8.2.3　技术发展需要 ………………………………………… 127

8.3　设备抗震鉴定和加固的依据 ……………………………… 127

8.4　工业设备抗震的方法 ……………………………………… 128

8.4.1　设备震害预测 ………………………………………… 128

8.4.2　设备抗震鉴定 ………………………………………… 129

8.4.3　设备抗震加固 ………………………………………… 129

8.5　设备抗震的实际工作程序和现状 ………………………… 130

8.5.1　设备抗震方法的具体应用步骤 ……………………… 130

8.5.2　应用现状 ……………………………………………… 131

9　增强生命线抗震能力的途径 ……………………………………… 133

9.1　目的和意义 ………………………………………………… 133

9.2　地下管线探测定位技术 …………………………………… 134

9.3　建立管网数据库图档信息管理系统 ……………………… 135

9.3.1　必要性 ………………………………………………… 135

9.3.2　设计原则 ……………………………………………… 136

9.3.3　管线普查和数据建库 ………………………………… 137

9.3.4　系统框图 ……………………………………………… 138

9.3.5　系统特点 ……………………………………………… 138

9.3.6　应用步骤 ……………………………………………… 139

9.4　地下管线腐蚀层检测技术 ………………………………… 139

9.4.1　目的意义 ……………………………………………… 139

9.4.2　工作原理 ……………………………………………… 140

9.4.3　评估标准 ……………………………………………… 140

　　　9.4.4　几种检测方法 ……………………………… 140
　　　9.4.5　具体步骤 …………………………………… 142
　　　9.4.6　管道寿命预测 ……………………………… 143
　　　9.4.7　管道的防腐保护 …………………………… 146
　9.5　地下水管线测漏技术 …………………………… 147
　　　9.5.1　目的和意义 …………………………………… 147
　　　9.5.2　漏水探测工作原理 …………………………… 148
　　　9.5.3　仪器设备 …………………………………… 148
　9.6　地下管道不开挖修复技术 ……………………… 148
　　　9.6.1　目的及意义 …………………………………… 148
　　　9.6.2　主要方法 …………………………………… 149
　9.7　地上管线在线修复技术 ………………………… 151
　　　9.7.1　目的及意义 …………………………………… 151
　　　9.7.2　主要方法 …………………………………… 151

10　大型冶金企业防震减灾系统 …………………………… 153
　10.1　目的和意义 ……………………………………… 153
　10.2　GIS 的发展与应用现状 ………………………… 155
　10.3　系统目标 ………………………………………… 158
　　　10.3.1　企业特点 …………………………………… 158
　　　10.3.2　系统目标 …………………………………… 159
　10.4　系统设计 ………………………………………… 159
　　　10.4.1　设计原则 …………………………………… 159
　　　10.4.2　关键技术 …………………………………… 160
　　　10.4.3　系统构成 …………………………………… 160
　　　10.4.4　网络体系结构 ……………………………… 160
　10.5　功能模块划分 …………………………………… 161
　　　10.5.1　系统管理 …………………………………… 161
　　　10.5.2　震害预测 …………………………………… 161
　　　10.5.3　厂区管理 …………………………………… 162
　　　10.5.4　全系统逻辑 ………………………………… 162
　　　10.5.5　管线系统 …………………………………… 162
　　　10.5.6　交通运输 …………………………………… 163
　　　10.5.7　房所工艺参数 ……………………………… 163
　　　10.5.8　应急预案 …………………………………… 164

10.5.9　动力介质平衡 ……………………………………… 164

10.6　系统的维护及应用 ……………………………………… 165

参考文献 …………………………………………………… 166

管理篇

GUANLIPIAN

1　企业防震减灾工作的目标和任务

1.1　我国防震减灾工作的指导思想

我国地处西太平洋地震带与欧亚地震带之间，是世界上地震多发，且震害最为严重的国家之一。20 世纪，我国大陆 7 级以上浅源地震约占全球的 35%；地震死亡 55 万人，约占全球震亡总数的 53%。新中国成立后在各类灾害死亡总人数中，地震死亡人数占 54%，居群害之首。

我国《"十四五"国家防震减灾规划》指出，我国防震减灾的指导思想是，以习近平新时代中国特色社会主义思想为指导，全面贯彻党的十九大和十九届历次全会精神，深入落实习近平总书记关于防灾减灾救灾重要论述和防震减灾重要指示批示精神，深刻认识"两个确立"的决定性意义，增强"四个意识"、坚定"四个自信"、做到"两个维护"，紧紧围绕统筹推进"五位一体"总体布局和协调推进"四个全面"战略布局，立足新发展阶段，完整、准确、全面贯彻新发展理念，服务和融入新发展格局，坚持人民至上、生命至上，坚持总体国家安全观，更好统筹发展和安全，坚持以防为主、防抗救相结合，坚持常态减灾和非常态救灾相统一，健全完善体制机制，推动防震减灾事业高质量发展，进一步夯实监测基础、加强预报预警，摸清风险底数、强化抗震设防，保障应急响应、加强公共服务，创新地震科技、推进现代化建设，为全面建设社会主义现代化国家提供地震安全保障[1]。

党和政府历来十分重视防震减灾工作，改革开放以来，我国提出多项防震减灾目标，在总结、探索和借鉴的基础上，逐步走出一条适合我国国情的防震减灾道路，取得了长足的进展。几十年来，我国防震减灾事业不断发展，抗御和减轻地震灾害的能力逐步提高，防震减灾工作在保护人民生命财产安全、保证经济发展和保持社会稳定方面发挥了积极的作用。但是，防震减灾工作还存在一些问题，主要表现在：有些地方对防震减灾工作重视不够，领导责任不明确，工作体系不健全；群众防震减灾意识比较淡薄，缺乏对地震科学知识的了解；地震监测预报能力与社会发展要求有明显差距，重点地区有的工程抗震能力较弱，存在不少隐患；地震应急反应能力也有待提高。

防震减灾事业是一项特殊的社会公益事业，关系人民生命财产安全，关系经济发展和社会稳定。认真做好防震减灾工作是一项功在当代、利在千秋的大事，要以对党和人民、对历史高度负责的精神，从保证经济发展和社会稳定的高度，充分认识防震减灾工作的重要性和艰巨性，清醒认识当前我国地震形势的严峻性和复杂性，增强做好防震减灾工作的自觉性和主动性，把防震减灾工作作为一项长期的任务切实抓紧抓好。

工业企业，特别是大中型企业，是我国工业生产的重要支柱和骨干力量，绝大多数位于6度及6度以上地震区。随着现代化水平的提高和生产规模的扩大，一旦遭遇强震袭击，其震害损失也越加严重。尤其是石油、化工、冶金、能源等企业，工艺流程复杂，生产连续性强，许多工序存在着易燃、易爆和毒害介质的潜在危险。一旦某个环节发生震害，将可能危及全局或引发严重次生灾害，甚至累及周边地区和其他企业。因此，企业防震减灾工作在我国防震减灾的总体布局中，具有举足轻重的地位。增强企业领导和广大职工的防震减灾意识，提高企业，特别是地震重点监视防御区所在企业的综合防震减灾能力，对于社会、经济的稳定和可持续发展，具有极其重要的意义。

1.2　企业防震减灾工作的基本防御目标

我国《"十四五"国家防震减灾规划》指出，到2025年，初步形成防震减灾事业现代化体系，体制机制逐步完善，地震监测预报预警、地震灾害风险防治、地震应急响应服务能力显著提高，地震科技水平进入国际先进行列，地震预报预警取得新突破，地震灾害防御水平明显提升，防震减灾公共服务体系基本建成，社会公众防震减灾素质进一步提高，大震巨灾风险防范能力不断提升，保障国家经济社会发展和人民群众生命财产安全更加有力。到2035年，基本实现防震减灾事业现代化，基本建成具有中国特色的防震减灾事业现代化体系，关键领域核心技术实现重点突破，基本实现防治精细、监测智能、服务高效、科技先进、管理科学的现代智慧防震减灾[1]。

实现这一目标，将意味着在遭遇中强地震袭击时，基本不出现大量的人员伤亡和重大经济损失，社会经济生活基本正常；即使遭遇更强地震的袭击时，也能有所防范，并大大减轻震害损失，从而为我国社会、经济的发展提供基本保障。

根据这个目标，并结合我国企业的实际，工业企业防震减灾工作的基本防御目标应是：

在遭遇设防烈度（一般为地震基本烈度）的地震影响时，企业能基本保证人员、设备安全，不致发生严重次生灾害，并能维持或很快恢复生产，职工生活基本正常；当遭遇高于设防烈度1度左右的地震影响时，生产设备和工程设施不发生严重破坏，能最大限度保障人员安全，并有效控制次生灾害蔓延，做到安全停产和较快恢复生产。

1.3　企业防震减灾工作的任务

1998年3月1日起施行的《中华人民共和国防震减灾法》，是我国第一部规范防震减灾工作的重要法令，标志着我国的防震减灾工作已纳入法治化管理的轨道。《中华人民共和国防震减灾法》已由第十一届全国人民代表大会常务委员会第六次会议于 2008 年 12 月 27 日修订通过，自 2009 年 5 月 1 日起施行。新修订的《中华人民共和国防震减灾法》，坚持以人为本、科学减灾的指导思想，坚持突出重点、全面防御的发展战略，坚持预防为主、防御与救助相结合的工作方针，坚持防震减灾服务经济社会发展的根本要求。体现了国家对防震减灾工作的高度重视，凝聚了全国人大和各级政府的共同智慧。工业企业的防震减灾工作应贯彻执行《中华人民共和国防震减灾法》及其配套法规，坚持"预防为主、防御与救助相结合"的方针，不断完善地震监测预报、地震灾害预防和地震紧急救援三大工作体系，并重点做好震灾预防与地震应急工作，不断提高企业的地震综合防御能力。

具体来说，应做好以下十个方面的工作：

(1) 建立、健全企业防震减灾的工作体系；

(2) 完善企业防震减灾的规章制度建设；

(3) 编制并实施企业防震减灾（抗震防灾）规划；

(4) 切实开展新建（含改、扩建，下同）工程的抗震设防；

(5) 抓紧进行原有工程的抗震加固；

(6) 分级编制并落实企业破坏性地震应急预案；

(7) 做好防震减灾知识的全员普及和培训、演练；

(8) 地震应急、抢险救灾和震害调查；

(9) 震后的生产恢复和生活保障；

(10) 开展防震减灾的区域联防和科研、协作。

以震灾预防和地震应急为重点，做好上述工作，不仅能有效减轻地震灾害，而且对抗御其他自然灾害，提高应对各类事故的能力，保证安全生产和设备、生命线系统的正常运行，从而提高企业的综合经济效益，都具有十分重要的意义。

2 地震灾害的预防措施

新中国成立以来，我国工业企业的防震减灾工作从无到有，从单纯抓建（构）筑物的抗震加固，发展到全面提高企业抗震能力的地震综合防御，认识上经历了不断深化的过程。同时，在抗御地震灾害的斗争中，各地也积累了大量宝贵的经验和行之有效的方法，为进一步加强防震减灾管理，有效开展各项防震减灾工作，不断提高企业综合抗震能力奠定了基础。

2.1 组织管理措施

2.1.1 建立企业防震减灾管理体系

加强领导，是搞好防震减灾工作的关键。工业企业要坚持"平震结合"的原则，将防震减灾工作与企业生产、建设规划相结合，与安全措施、设备维修相结合，与当地政府的防震工作及其他减灾措施相结合，在现行生产体制的基础上，建立起完善、高效的防震减灾组织和管理体系，加强统一领导，明确职责，分工协作，各负其责，并逐步实现系统化、规范化和社会化管理。

同时，企业应把防震减灾工作列入重要议事日程，平时要加强督促检查，立足于防大震、救大灾，及时研究解决防震减灾工作存在的问题，防患于未然，切实提高地震反应能力和处置水平。一旦发生地震，要按照应急预案，迅速启动指挥体系，统一指挥，密切配合，妥善处理，使救灾、减灾切实做到协调、有序、高效。

2.1.1.1 行政管理体系

基本烈度在6度及以上地区的大型企业，根据其行政体制，一般应按公司、厂（矿、部门）、车间（科室）三级构建防震减灾行政管理体系；中小型企业可实行厂（矿）、车间（科室）两级管理。公司（厂、矿）组建的防震减灾领导小组（或指挥部），是领导全公司（厂、矿）防震减灾工作的决策和指挥机构。

防震减灾领导小组（或指挥部）应下设专职的办事机构（防震减灾办公室），综合管理全公司（厂、矿）的防震减灾工作。对设置专职机构条件不具备的，应指定相关机构并确定专人负责这项工作。

2.1.1.2 业务管理体系

防震减灾工作是一项复杂的系统工程，涉及企业和社会的方方面面。因此，企业按内部系统设置组建防震减灾的业务管理体系，对于有效发挥各部门的职能优势，顺利开展震害预防和应急、救灾工作，具有十分重要的作用。一般可分为十个系统：

（1）生产系统：包括生产、调度、设备、安全、运输等部门。

（2）动力系统：包括全厂性供电、供水、燃气、热力、供风等动力供应部门。

（3）通信系统：包括各种有线、无线和运动通信等手段。

（4）物资系统：包括生产原材料、备品配件、抢险物资的供应部门。

（5）建设系统：包括计划、设计、基建等部门。

（6）医救系统：包括医疗救护、卫生防疫等部门。

（7）治保系统：包括治安、保卫、消防、人武和交通管理部门。

（8）后勤系统：负责临震的人员疏散，震后的居所搭建、生活供应和孤寡安置等工作。

（9）宣教系统：包括宣传、教育、广播、影视、报刊等部门。

（10）监测系统：包括地震前后的震情跟踪，震后的灾情调查和评估，以及对外的震情联络和信息反馈等；由防震减灾办公室统一管理。

除上述十个系统外，企业的其他业务部门（如财务、技术等）都必须在各自业务范围内，完成企业防震减灾领导小组（或指挥部）布置的各项任务，积极做好防震减灾工作。

2.1.2　企业防震减灾的管理机构与职责

建立完善的领导机构和管理机构是做好防震减灾工作的组织保证。根据《中华人民共和国防震减灾法》规定和国务院有关行政主管部门的要求，企业均应建立防震减灾领导机构，并下设办公室综合管理防震减灾的日常工作。

2.1.2.1　企业防震减灾领导机构的组成与职责

企业防震减灾领导机构通常分为企业和二级单位两级防震减灾领导小组。

A　企业防震减灾领导小组

a　组成

组长：企业正职行政领导（或分管副职行政领导）；

副组长：企业其他有关领导；

组员：企业各有关职能部门第一负责人。

b　职责

（1）依据党和国家有关防震减灾的方针、政策、法规和上级指示，结合企业实际研究贯彻、实施意见；

（2）审查、批准有关防震减灾的重大规章制度和企业政策；

（3）审查、批准企业防震减灾规划和破坏性地震应急预案；

（4）审查过去的防震减灾工作，研究并部署年度工作计划（包括防震减灾规划的实施计划和保证措施），决定或授权组织开展防震减灾的重大活动；

（5）协调并决策防震减灾工作中存在和发生的重大问题；

（6）完善企业防震减灾体系建设，努力增强职工、家属的防震减灾意识和应变能力；

（7）加强对防震减灾工作的领导，不断提高企业的地震综合防御能力。

B　二级单位防震减灾领导小组

a　组成

组长：各二级单位正职行政负责人（或分管副职行政负责人）；

副组长：各二级单位其他有关负责人；

组员：各车间、有关科室负责人。

b　职责

（1）贯彻、落实企业防震减灾领导小组有关防震减灾工作的决策、指令和工作安排；

（2）根据企业防震减灾规划和破坏性地震应急预案，组织本单位防灾对策和应急预案的编制和落实工作；

（3）研究、部署年度防震减灾工作计划，并定期督查其执行和落实情况；

（4）结合检修、技改、安措工程，切实做好抗震设防和加固工作；

（5）协调并解决防震减灾工作中存在和发生的问题；

（6）切实开展防震减灾宣传教育，努力提高职工、家属的防震减灾意识和应变能力；

（7）加强对防震减灾工作的领导，不断提高本单位的地震综合防御能力。

企业各级防震减灾领导机构，要做到组织到位，人员到位，措施到位；并建立防震减灾工作联席会议制度，定期召开会议，研究讨论有关防震减灾的工作。领导机构的每一个成员，都要认真贯彻中央关于防震减灾工作的指示，坚持人民至上、生命至上，增强做好防震减灾工作的主动性和自觉性。要充分认识防震减灾工作不是一项单纯的业务工作，而是一项涉及经济社会发展、人民生命安全和社会稳定的重大政治任务。要充分发挥我们的政治优势，动员企业全体职工，扎扎实实地做好防震减灾工作。

2.1.2.2　企业防震减灾办公室的设置及职责

企业防震减灾办公室是企业防震减灾工作的归口管理机构，负责企业防震减灾的基础管理、震前预防管理，参加地震应急以及震后救灾与重建工作的组织和实施。

企业防震减灾办公室的职责是：

（1）宣传并贯彻、实施国家、地方有关防震减灾工作的方针、政策、法规和规定；

（2）建立、健全企业防震减灾的工作体制和法规体系；

（3）负责企业年度防震减灾工作计划的编制和组织实施；

（4）组织企业防震减灾规划和二级单位对策的编制和实施；

（5）企业破坏性地震应急预案的编制和实施；

（6）负责企业抗震加固的管理，组织原有工程的普查鉴定、加固设计审查和竣工验收工作；

（7）协同有关部门开展新建工程的抗震设防管理，参加抗震设计审查和竣工验收工作；

（8）组织开展抗震科学技术的研究、培训与推广应用；

（9）协同有关部门开展防震减灾知识的宣传、普及和培训、演练工作；

（10）组织企业防震减灾业务活动，开展行业和区域协作，完成上级布置的防震减灾工作任务；

（11）震时负责了解震情、灾情及发展趋势，保持与地震、抗震部门的对外联络；

（12）震后组织开展本企业的震害调查与评估；

（13）按上级要求统计上报企业的防震减灾工作情况。

2.1.2.3 企业防震减灾管理网的组建

根据许多企业的实践经验，在企业范围内组建由厂矿、工程公司（或车间）和机关有关部门组成的防震减灾管理网，对迅速、有效地开展防震减灾各期工作，有着重要的作用。

参加管理网的各个单位，应指定联络员及联系电话，由防震减灾办公室组织开展工作。

A 联络员的主要职责

（1）宣传、贯彻国家防震减灾工作的方针、政策，及时向二级单位防震减灾领导小组转达上级部门关于防震减灾工作的文件和指示精神；

（2）在两级防震减灾领导小组领导下，组织本单位防震减灾对策、应急预案的编制、修订和实施工作，并经常检查、监督其落实情况；

（3）编制本单位防震减灾年度工作计划，批准后负责组织计划的实施，并协调、督促有关部门的工作；

（4）按时参加管理网工作例会，通过例会或其他途径及时反映本单位防震减灾工作的信息和问题；

（5）震时协助指挥部按应急预案和"对策"组织开展本单位的地震应急和抗震救灾工作；

（6）参加抗震救灾通信组网工作，密切保持与总指挥部防震减灾办公室的联络，做好震情、灾情信息的快速传递工作；

（7）震后组织本单位的震害调查、核实工作，负责调查资料的分类、统计、汇总和上报工作。

B　管理网的工作例会制度

管理网工作例会由防震减灾办公室组织召开，各单位联络员不得无故缺席。通常情况下，管理网例会每季度召开一次，特殊情况下可临时召集。

企业要采取切实措施，加强防震减灾队伍的建设。要关心他们的生活，支持他们工作，创造条件，培养和造就一支思想过硬、业务精通、纪律严明、精干高效的专业工作队伍。

2.1.3　建立企业防震减灾法规体系

《中华人民共和国防震减灾法》《破坏性地震应急条例》《地震监测设施和地震观测环境保护条例》《地震预报管理条例》以及《地震安全性评价管理条例》，对我国防震减灾领域的各个方面都作了全面的法律规定，是我们开展防震减灾工作的重要依据。企业各级领导要增强法治观念，认真履行这些法律法规赋予我们的职责，依法行政，努力提高管理防震减灾事务的能力和水平。同时，还应根据这些法律及其配套法规的规定，并结合企业的具体实际，制定并完善本企业防震减灾的各项规章制度。

具体来说，这些规章制度可以有：

（1）企业防震减灾工作管理办法。从震害预防、地震应急、震后恢复等各个环节，全面规范企业防震减灾工作的方针原则、目标任务、组织领导、管理体制、工作程序、奖罚措施和各部门的职责、考核办法等。

（2）企业防震减灾办公室工作标准。规范企业防震减灾办公室及其管理网在地震各期工作中的职责任务、管理权限、工作程序、考核制度等。

（3）企业防震减灾宣传工作的规定。规范企业防震减灾宣传工作的方针原则、宣传内容、组织领导（包括防、抗、救基本知识的宣传普及和专业队伍的培训、演练）、宣传纪律等。

（4）企业新建工程的抗震设防规定。规范企业新建工程抗震设防中的管理体制、部门职责、监督机制、考核办法等；并在工程选址、设防标准（包括地震安全性评价）、设计审查、施工验收方面作出规定。

（5）企业原有工程抗震加固的管理办法。规范企业原有工程抗震加固的计划管理、加固重点、技术鉴定、加固设计、设计审批、施工及验收等。

（6）企业防震减灾规划和破坏性地震应急预案。企业根据《中华人民共和国防震减灾法》和《破坏性地震应急条例》编制的企业防震减灾（抗震防灾）规划和破坏性地震应急预案，虽不属企业法规范畴，但却是规范企业防震减灾工作的重要指导文件；同样具有企业法规意义。

2.1.4 实行企业防震减灾工作责任制

企业的防震减灾管理应分级、分部门实行工作责任制；其震前、震时、震后各个时段应承担的职责，应纳入各级（部门）行政负责人的考核指标。实践证明，这项制度对于加强防震减灾管理，有效提高企业综合抗震能力，具有决定性的保证作用。实行这项制度，才能确保企业的防震减灾工作级级负责、层层落实。这项制度的核心是经理、厂长、车间主任三级负责制（小型企业是厂长、车间主任两级负责制）。

2.2 防震减灾规划的编制与实施

防震减灾是一项社会性很强的复杂系统工程，仅靠单体工程抗震能力的提高是远远不够的，必须走综合防御的道路。编制和实施企业防震减灾规划，就是贯彻"预防为主、平震结合、常备不懈"方针，实行地震综合防御的这样一项根本性措施。

2.2.1 "规划"的目的和意义

编制企业防震减灾规划的指导思想，是在全面分析企业现状和所处地质条件、地震背景的基础上，找出企业防震减灾工作的有利条件和薄弱环节，进而全方位地制定出相应的防灾对策和应急措施，使之具体化、规范化，以作为抵御地震袭击的准备条件，为企业的生产建设和发展规划提供依据。

"规划"由于涵盖了企业防震减灾工作的全部内容，而且更全面、更具体、更有针对性和可操作性，因而是规范企业防震减灾工作、实施地震综合防御的重要指导文件。编制并实施好"规划"，不仅对提高企业综合抗震能力、有效减轻未来震害损失，具有重大战略意义，而且对减轻其他灾害损失和应对突发生产事故，同样具有现实的积极作用。

2.2.2 "规划"的内容

《企业抗震工作暂行规定》是2005年制定的，旨在规范企业在地震发生后的抗震工作，包括建筑物、机电设备等的抗震设计、建设和管理要求等。但是，自该规定失效后，国家还没有发布新的政策文件，针对企业抗震工作的法规和标准有所调整和更新。目前，企业应根据中华人民共和国现行的有关法律法规和地方政府发布的相关规定来进行抗震工作。这些法律法规主要包括《中华人民共和国安全生产法》《中华人民共和国建筑法》《中华人民共和国城市房地产管理法》等，以及地方性的规章和标准。此外，企业还可与相关政府部门进行沟通，了解当地的地震防灾政策和规划，并积极参与地震应急救援体系的建设和维护。在实际操作中，企业可以依据国家法律法规和专业机构的建议，综合考虑自身的实际情况，采取合适的抗震工作措施。

对于全国众多的大中型企业来说，由于性质、规模、生产特点、地质条件和地震背景不同，其规划文本的内容和重点也应有不同。一般应包括以下基本内容。

2.2.2.1　综述

（1）关于编制依据、指导思想的说明。如上级有关文件和指示精神，企业防震减灾工作的要求，规划编制的原则和组织、安排等（有些企业将此内容放在前言中）。

（2）企业概况。阐明企业的地理位置、占地面积、自然环境和运输条件；企业的生产能力、性质规模、功能特点及发展简史；工业与民用建筑、工程设施和职工、家属的数量和分布；设备、资产、产品、产值和经营等基本情况；企业的近、远期发展规划等。

（3）企业防震减灾能力概况。概述企业防震减灾组织、管理现状，现有工程设施的抗震设防和加固状况，现存的主要薄弱环节和问题，其他有利和不利因素等。

（4）"规划"的防御目标。根据所在地区的地震地质背景、历史地震分布和地震危险性分析结果，提出企业的设防烈度或设计地震动参数。

（5）其他需说明的有关内容。

2.2.2.2　震害预测与土地利用规划

A　地震危险性评价

地震危险性评价的目的是把地震动当作随机现象，用概率统计的方法进行分析和研究，计算出不同期限内不同发生概率的地震动参数。其基本步骤如下：

（1）潜在震源的判定和震源区的划分；

（2）地震活动性参数和地面运动衰减规律的确定；

（3）地震危险性模型的确定；

（4）地震危险性计算。

B 地震影响小区划

地震影响小区划的目的是在场地地质条件的基础上，对场地进行地震反应分析，划分场地类别；并给出场地反应谱，以反映场地的地震动特性。

上述两项工作，对企业开展震害预测和规划建设、发展用地提供了重要依据，也是规划编制的基础；有条件的大型企业，以及某些构造背景和地质条件复杂的中、小型企业，应尽可能开展这项工作。对于近期已开展这项工作的企业，或位于已进行抗震设防区划的城市的企业，可充分利用这些已得到批准的研究成果。

C 震害预测

震害预测是指在地震危险性分析、地震区划或小区划、工程建筑易损性分析的基础上，对未来某一时段因地震可能造成的人员伤亡、建（构）筑物及设备、设施破坏、经济损失及其分布的估计，为制定有效的防灾对策和措施准备条件。主要内容有：

（1）企业工程现状简况；

（2）建（构）筑物抗震性能分析与震害预测；

（3）生命线工程抗震性能分析与震害预测；

（4）生产系统抗震性能分析与震害预测；

（5）人员及财产损失估计；

（6）工程综合抗震能力的评价及存在的薄弱环节。

D 土地利用规划

根据场地的地震反应分析和可能造成的场地震害，区分出对抗震有利、不利和危险的场地范围；并结合企业现状和建设、发展计划，提出土地利用的规划建议，以及各类建筑的场地要求和各类场地的使用建议。

2.2.2.3 震前防御对策

A 组织管理对策

按本章相关内容要求作出简要规划。

B 工程抗震对策

按本章要求对企业的抗震设防、加固和隐患工程的维修、改造工作作出简要规划，并提出近期实施计划及管理措施。

C　生命线工程防御对策

简述生命线工程各系统的基本情况（包括人员组织、装备、设施、管线走向、运行现状等）、要害部位、薄弱环节和存在的主要问题，着重提出地震防御对策和规划意见，明确各系统的岗位责任制、震前防灾措施和实施工作计划。

生命线工程包括供排水、供电、供气（煤气、氧气、氮气、氢气等）、热力、通风、输油、消防、通信、交通运输等工程系统（视企业实际情况而定）。

D　生产系统防御对策

简述生产系统的基本情况（包括人员组织、主要设备、运行状况等）、要害部位、薄弱环节和存在的主要问题，着重提出切合实际的震前防灾对策和措施。

E　辅助生产系统防御对策

包括原材料加工、机修、基建、机电安装等辅助生产单位，参照生产系统制定。

F　次生灾害防御对策

阐明企业所有次生灾害源点的种类、位置、现状，和震时可能发生的次生灾害；制定防止次生灾害发生的对策和措施，以及控制和消除次生灾害的预案。

次生灾害源包括易燃、易爆、细菌、有毒、放射性、危险品、易污染物品的生产、储存点，因震毁而引发水灾的水坝、堤岸、尾矿库等，以及地质上可能引起滑坡、崩塌、泥石流和管线断裂的地点。

G　医疗救护系统防御对策

简述医疗救护系统的基本情况（包括机构组成、床位、医护人员及设备、器械状况）、存在问题和实施医疗救护的各方面措施。

H　防止地震人为灾害对策

根据地震和防、抗震知识的认知程度和震时可能出现的行为、动态，提出正确的应急行为准则，防止地震时因人的错误行为（操作）造成灾害。

I　避震疏散规划

明确企业职工和家属避震疏散的具体方案和组织措施。包括：

（1）疏散人口的基本情况，数量、分布、人员结构等；

（2）避震疏散的场地条件、人员安排和疏散路线（可用图表说明）；

（3）避震疏散的组织、指挥和安全措施；

（4）坚守岗位职工的避震安全措施；

（5）避震疏散的演练与计划。

J　宣传教育和培训演练规划

（1）防震减灾宣传教育计划，提出宣传的内容、深度、方式方法和达到的效果；

（2）提高职工、家属的应变能力的措施；

（3）岗位应急操作和抢险救灾队伍的专业培训和演练计划；

（4）地震应急和抗震救灾的演习计划。

2.2.2.4　地震应急对策

A　地震应急和抢险救灾的组织指挥

（1）建立、健全防震减灾指挥系统及分支机构；

（2）明确指挥系统及分支机构震时的职责、任务和行动准则；

（3）明确地震应急和抢险救灾的指挥和处置原则。

B　抢险救灾专业队伍的组织、培训演练和物资准备

包括消防、工程抢险、次生灾害处置和被埋压人员的排险抢救、医疗救护等。

C　临震应急对策

政府发布地震短、临预报后，应做到：

（1）紧急检查和撤离危房，紧急清除易坠落伤人的设施和物件；

（2）清理、整顿疏散场地，疏散、安置居民和非生产人员，减少临时和流动人口；

（3）紧急检查要害部位、重要设施的抗震措施和安全状况，转移贵重设备、仪器；

（4）检查次生灾害源点，并采取紧急消除危险的措施（如应急泄洪、排放减压等）；对危险品仓库，建立值班、管制制度；

（5）检查并加强通信、消防、工程抢险、紧急救援和医疗救护队伍的应急准备工作；

（6）检查和试验用于抗震救灾的控制阀、开关站、消防用具和其他工具、器械；

（7）筹集、调用抗震救灾工具、器材和物资；

（8）关闭公共娱乐场所，外迁重要机关和企业所属的医院、学校；

（9）实施应急和救灾宣传，发布守岗职工守则和避震防卫准则；

（10）发布交通、通信临时管制办法等。

D　震时应急对策

突发破坏性地震时，应做到：

（1）有关领导和工作人员迅速到岗，根据震情和灾情，准确实施安全生产或安全停产预案；

（2）确保抗震救灾指挥和上、下、内、外的通信联络畅通；

（3）迅速组织人员安全疏散；

（4）迅速调集消防、工程抢险、排险抢救和医疗救护等专业救灾队伍；

（5）实施防止次生灾害或控制次生灾害蔓延的紧急处置措施；

（6）对可能造成扩大灾情、次生灾害蔓延和威胁人身安全的危险部位，以及可能成为恢复通信、供水、供电、供气和交通障碍的关键设施，应迅速采取排险、抢修措施，控制灾情发展。

E　震后应急对策

（1）迅速开展被埋压人员抢救、次生灾害控制和工程抢险等救灾行动；

（2）根据震情实施交通、通信管制或适当控制，优先保证抗震救灾工作的顺利进行；

（3）加强治安管理和宣传教育，稳定职工、群众的情绪；

（4）做好伤员的分级医疗救护和卫生防疫工作；

（5）组织安排群众生活（如食品、帐篷、衣物的发放，饮水的消毒等），安置孤寡和流动人口，尽快恢复交通、通信和水、电、煤气的供应。

F　综合应急对策

根据企业在当地经济和社会中所处的地位，以及与兄弟单位和上下级间的相互关系，提出企业在重灾情况下的对外求援方案。同时，也应明确企业在政府领导的抗震救灾中应尽的社会义务，如提供医疗、物资和其他方面的支援计划。

G　二级应急对策

对于大中型企业来说，还应根据其规模和特点，在通信、供水、供电、供气、供油、热力、自动控制、消防、交通运输、治安保卫、物资供应、医疗救护和卫生防疫、防止和控制次生灾害、震后工程设施检查及防强余震措施等方面，制定专业应急对策，并作为企业地震应急对策的补充。

生产系统的各厂、矿（车间），以及机关、学校、幼儿园等，应结合自身实际，在组织指挥、行动准则、避震疏散、安全检查、次生灾害防御、抢险救灾等方面制定二级应急对策。

2.2.2.5　震后恢复、重建规划

（1）组织开展震害损失的调查与统计，为灾害评估做好准备；

（2）震后早期工程抢险的组织和物资准备；

（3）组织开展建（构）筑物、设备、设施的检查和维修，为全面恢复生产做好准备；

（4）职工生活的恢复规划；

（5）局部工程重建规划。

2.2.2.6　规划的实施管理

（1）规划实施的组织领导和管理措施；

（2）规划的实施方案和细则、年度计划和经费安排；

（3）规划实施的监督、检查、考核和奖惩办法；

（4）规划的修订期限。

以上是规划文本的主体内容。

2.2.2.7　图件

为更明确直观地说明规划内容，还应附上一定的图件，主要有：

（1）企业地理位置图；

（2）企业地形地貌图；

（3）企业所在区域地震地质构造及历史地震震中分布方面的图件；

（4）企业总平面图；

（5）企业场地方面的图件，如场地工程地质、地震影响小区划、土地利用规划等图件；

（6）企业各类震害预测的图件；

（7）企业用于规划的图件，如动力能源系统及管线、医疗救护、通信系统分布等图件；

（8）次生灾害源、危险点分布图；

（9）避震疏散规划图；

（10）企业抗震救灾组织指挥体系图；

（11）其他需要的图件。

由于企业的规模、性质各不相同，图件的多少应视企业具体情况决定；但图件应力求全面系统，图面简明扼要，问题表达清楚。

2.2.3 "规划"的编制程序

2.2.3.1 "规划"基础资料的收集与整理

实际工作表明，编制企业防震减灾规划的大部分资料可从企业和所在城市建设和发展的文献档案中取得。只有地震危险性评价和地震影响小区划研究工作，由于专业性强，技术要求高，根据国家规定，必须委托有相应资质的单位承担。

A　企业基本情况

(1) 企业的地理位置，自然和社会环境情况（包括图件）；

(2) 性质、规模、历史及发展情况；

(3) 生产、经营和管理情况；

(4) 建（构）筑物及其他工程设施情况；

(5) 生产装置、车间、储运、生产线、工艺流程等情况；

(6) 生产能力、产品、产量、产值、能源、原材料、交通运输情况；

(7) 固定资产、社会财产现值及分布情况；

(8) 生产、生活的设备、物资、档案等的分布情况；

(9) 职工、家属、常住及流动人口情况；

(10) 环境污染源和可能发生火灾、爆炸、溢毒、腐蚀、水灾及其他次生灾害的情况；

(11) 近期、远期发展规划简况，附总图和文字说明；

(12) 企业其他情况，如公园、绿地、空旷场地、人防工程等。

B　企业建设、发展的场地条件

场地的优劣是影响建设和发展的重要条件，也是进行地震危险性评价的重要基础；应尽可能全面收集以下资料，再进行系统整理，选择利用。

(1) 企业现状、规划总平面图和规划区地形、地貌图及其文字资料；

(2) 初步勘探系统资料；

(3) 各类工程勘探报告、工程、水文地质资料，场地土层及地下水埋深分布资料；

(4) 有关场地土液化、黄土湿陷、软弱土层分布、地基承载力等方面的资料；

(5) 深井柱状图，地质剖面图；

(6) 有关场地土动、静力测试（剪切波速、动三轴）方面的资料；

（7）有关地质灾害（如滑坡、崩塌、泥石流、地基沉陷、塌陷、塌方等）方面的资料；

（8）其他有关场地条件方面的资料。

C 建（构）筑物现状的调查统计

建（构）筑物的损坏是导致地震直接损失和人员伤亡的主要因素。应较详尽地了解其数量、施工质量、使用现状和存在的薄弱环节，并收集整理其竣工图、平面布置图及有关说明资料；对码头、大坝、船闸、井巷、大型油库等重大工程，应重点详细调查，摸清情况。

D 生命线工程现状调查

企业生命线工程系指企业生产、生活赖以依靠的供水、供电、通信、医疗、煤气、热力、交通运输、道路桥梁、消防、治安、粮油供应、后勤物资等基本条件工程；提高其抗震能力、制定其防灾措施，是企业防震减灾规划的重要组成部分。调查中应强调以下几点：

（1）注重现状和薄弱环节，强调如实反映现实情况；

（2）以图纸、文字资料和现场调查相结合；

（3）抓关键点、线、面，突出重点；

（4）以文字、表格统计配以工程分布、平面布置图，说明问题。

E 生产系统现状调查

地震中，生产系统设备的损坏主要由建（构）筑物的倒塌及其他附着条件的破坏所引起；不仅直接影响企业生产，威胁职工生命安全，而且往往可能引发次生灾害和连锁反应。调查中应从以下几个方面收集、整理整体的现状资料，以便进行生产系统的抗震能力分析和震害评价。

（1）生产工艺流程和关键环节；

（2）主要生产设备和薄弱环节；

（3）生产系统的分布和相互联系；

（4）安全生产的日常措施和规章制度等。

F 人员、财产的调查统计

人员统计宜分生产、生活两大片分别进行，并按活动情况、人口密度划分不同的小区；统计中宜给出白天、夜间的不同分布情况，并包括常住和流动人口。

财产的调查统计主要包括企业固定资产、每一幢建（构）筑物的现值、仓储财产及职工家庭私有财产等几个方面；企业财产的调查宜根据企业特点分区、分类给出，私有财产的调查可通过抽样调查的方法估算得出。

G   其他有关情况的调查

（1）次生灾害源（包括易燃、易爆、细菌、有毒、放射性、危险品、易污染物品）的名称、生产、储存（包括储量、储存方式和储存点的自然、社会、工程环境）及分布情况，以及这些物品的基本特性（如燃点、爆点、毒性、扩散速度、可能影响面积等）；

（2）企业生产的对外联系、原料来源、物资运输、产品市场等情况；

（3）日常生产、生活中，地、防震及自救知识的普及、宣传、教育情况；

（4）企业所处区域的江河堤坝、上游水库、尾矿坝、滑坡、塌方、泥石流、海啸、码头、江河航道等有关的基本情况；

（5）企业人防工程、空旷场地、绿化带、公园等情况；

（6）企业防震减灾工作的领导和日常管理情况。

2.2.3.2　"规划"基础技术工作的开展

这部分工作包括地震危险性评价、地震影响小区划、各类工程的震害预测等。由于企业的性质、规模和特点各不相同，其所需基础技术工作的内容和深度也不尽相同。

尽管《企业抗震工作暂行规定》对规划编制没有地震危险性评价和地震影响小区划工作的要求，但该研究为企业开展震害预测和规划建设、发展用地提供了重要依据，同时也是规划编制的基础。有条件的大型企业，以及某些构造背景和地质条件复杂的中小型企业，应尽可能开展这项工作。对临近已开展此项工作的企业或位于已进行抗震设防区划的城市的企业，可就便直接利用这些已得到批准的研究成果。

各类工程的抗震性能分析与震害预测，是建立在抗震强度计算和历史震害经验基础上的，专业、技术性较强，计算也比较复杂，许多企业都是委托有专门工作经验的科研、设计单位进行的。而危险性评价和小区划的研究，专业性强，技术要求也高，根据国家规定，必须委托有相应资质的单位承担。规划中的有关内容，可直接引用其预测和研究成果。

2.2.3.3　"规划"的编制

A　"规划"的编制原则

（1）贯彻"预防为主、防御与救助相结合"的方针以及"政府领导、统一管理和分级、分部门负责"的原则。

（2）按企业所在地的设防烈度进行编制；对可能发生严重次生灾害威胁城市的企业，应按设防烈度和高于设防烈度两道防线进行编制（8度及以上地区不考虑第二道防线）。

（3）以现有资料和自身力量为主，覆盖企业所有的系统和部门，形成综合防御体系；并从实际出发，区别轻重缓急，实事求是地规划各项工作及重点。

（4）针对抗震薄弱环节提出的防、抗、救措施（特别是生命线工程、生产系统、重要设备和关键环节），应具有良好的实用性、可行性、有效性、科学性、指导性和可操作性。

（5）与企业安全生产、建设和发展规划相结合，并纳入企业发展规划；在范围和期限上，与企业总体发展规划相一致。

（6）与所在城市防震减灾规划相协调。条件成熟时，组建企业、城市间或行业、区域性的防震减灾协作体系。

B "规划"的编制方法

规划编制的一般方法是：在企业主管领导主持下，以防震减灾办公室为龙头，组织企业各厂、矿（车间）和相关部门结合本单位（部门）实际编写素材；经几上几下的讨论、取舍和修改后，组成写作班子，集中时间和地点开展规划初稿的编写工作。

根据部分企业的实践，要编好企业防震减灾规划，必须领导重视支持、各方密切合作、广泛发动群众、深入实际调查、突出规划重点、讲求科学实用、坚持专群结合、编制方法得当。在编制过程中应注意以下几个问题：

a "规划"应全方位进行编制

重视生产系统的防御是必须的，而忽视非生产系统（特别是后勤系统）则是不全面的，也是危险的。首先，防震减灾是一项系统工程，而社会学范畴的工作（比如人的工作）是生产防御措施的基础。其次，从历次抗震实践上看，防御也必然是全方位的，不能不预做考虑。特别是大型企业，一般都具有独立的生活功能和社会属性，没有理由完全依赖政府。

b "规划"的重点在对策和措施

无论在内容和篇幅上，"规划"都必须以防灾对策和应急措施为重点；因为这是直接用于减轻地震灾害的部分。对基础技术研究的资料，可引用其结论；对薄弱环节和震害预测，可简明具体地择其要点。

作为企业的"规划"，即使在对策和措施上，内容也应突出重点。选材原则如下：

（1）对企业生产全局和人身安全可能造成严重影响和后果的部分；

（2）可能造成严重次生灾害的部分；

（3）可能造成重大设备破坏的部分；

（4）其他关系企业决策和指挥的部分。

在内容的深度上，一般非重点的条文可以粗一些。重点内容，特别是关键、重要的条文则应实而具体。

c　"规划"应具有良好的针对性

要做到良好的针对性，"规划"编制就必须从实际出发，走群众路线，重调查研究。为此，"规划"的防灾对策和应急措施应来源于基层，并经过反复的讨论和会审。

此外，"规划"的编制还要考虑到领导成员知识结构的实际（往往缺乏防、抗震知识），以及决策和指挥的需要（比如阐明主要动力系统的工艺流程和应急、救灾行动遵循的原则等）。

d　专群结合是编制"规划"的好办法

企业"规划"应以自身力量为主进行编制。因为只有自己最了解自己，花钱买对策是买不到恰如其分的。但基层的同志往往不太懂抗震；而从事抗震工作的同志，又对基层实况、生产工艺和专业要求不甚了解。解决这个矛盾的办法除了举办"规划"编制学习班外，还可以实行抗震上的专群结合。具体办法是，素材编写初期，防震减灾办公室的同志通过座谈，向基层同志介绍该单位的场地条件和震害预测情况，据此给予提示，共同分析薄弱环节和可能发生的震害，共商防御对策和应急措施，并在选材原则和编写方法上给予指导。

实践证明，这种专群结合，并由下而上、上下结合的方法，不仅保证了"规划"的顺利编制，而且也有效地提高了防灾对策、应急措施的实用性、可行性、针对性和可操作性。

C　"规划"的反馈、审查和定稿

规划成文后，应反馈给各有关单位广泛征求意见；修改后报请企业组织审查。根据审查意见进一步修改、完善后，即完成"规划"编制工作。

D　"规划"的评审、报批

企业防震减灾规划的评审，由行业主管部门会同地方有关行政主管部门组织专家进行。根据评审意见进行最后修订的企业防震减灾规划，应报上级行业主管部门审批。

2.2.3.4　"规划"的实施与修订

A　"规划"的发布、实施

"规划"一经行业主管部门批准，即应下发并着手实施。

应特别强调的是，一部好的"规划"，只有很好地贯彻实施，使方方面面的防灾措施一一落到实处，才能从本质上真正提高企业抵御地震灾害的综合能力。

"规划"的具体实施方案由企业根据具体情况另行制订。

B "规划"的修订

企业防震减灾规划，一般每 3～5 年修订一次；必要时可提前修订。

2.3 切实开展新建工程的抗震设防

开展新建和改、扩建工程的抗震设防，是贯彻"预防为主"方针、减轻未来地震灾害的一项最直接、最重要、最有效的工程措施，必须摆在突出位置，切实做好。

2.3.1 总则

（1）企业所有新建和改、扩建工程都必须进行抗震设防；未进行抗震设防或不符合抗震设防标准的工程，不得进行建设。

（2）抗震设防的目标是：当遭受低于本地区抗震设防烈度的多遇地震影响时，一般不受损坏或不需修理可继续使用；当遭受相当于本地区抗震设防烈度的地震影响时，可能损坏，经一般修理或不需修理仍可继续使用；当遭受高于本地区抗震设防烈度预估的罕遇地震影响时，不致倒塌或发生危及生命的严重破坏。

"小震不坏"，要求建筑结构在多遇地震作用下满足承载力极限状态验算要求和建筑的弹性变形不超过规定的弹性变形值；"中震可修"，要求建筑结构具有相当的变形能力，不发生不可修复的脆性破坏，用结构的延性设计来解决；"大震不倒"，要求建筑具有足够的变形能力，且弹塑性变形不超过规定的弹塑性变形限值。

（3）结构抗震设计的基本原则是应满足以下两种极限状态：1）承载能力极限状态：是相关倒塌或其他形式的结构失效状态，它危及人身安全；2）正常使用极限状态：与损坏相关的状态，超过此状态不能满足正常使用要求。

（4）大多数结构，应通过性能化承载力设计，即考虑结构具有承载力和耗能能力，保证"大震不倒"。对于一些特殊结构，需进一步进行大震弹塑性验算，进行性能化承载力设计。

工业建筑抗震设计性能系数的选取关系到结构安全性和经济性。由于结构的最终设计控制工况决定着构件的截面尺寸、钢筋量和钢材用量，故一般来说，低烈度区宜选用弹性结构，高烈度区宜选用塑性结构。当然，厂房结构的设计控制工况还与其他诸多因素有关，如结构类型、风荷载大小、吊车情况等。

（5）抗震设防应贯穿于基建、技改、大中修管理的全过程，在工程选址、可行性研究、设计、施工和竣工验收中坚持与基建工作的"五同步";并重点抓好选址、设计、施工三个环节的监督和审查。

（6）新建工程的勘察、设计、施工和监理，都必须严格按照抗震设防要求和抗震设计规范进行;并建立项目管理和业主责任制。

（7）新建工程采用新技术、新材料和新结构体系，均应通过相应级别的抗震性能鉴定;符合抗震要求的，方可推广使用。

（8）新建工程的抗震设计及施工质量，应作为评定工程质量等级的重要内容。凡不符合抗震要求的工程，不得评定为工程质量合格，更不能参加评优。

（9）基于抗震设防工作的专业性和特殊性，企业抗震设防工作一般实行防震减灾办公室统一监管、各有关部门分工负责的目标管理体制，并进行经济责任制的考核。

2.3.2　工程选址

（1）企业的发展规划和生产建设用地，应根据工程地质分析和抗震设防区划，选择对抗震有利的地段，尽可能避开抗震不利地段;无法避开时，应采取有效的抗震措施。

（2）重要工程的选址，企业项目主管部门应会同防震减灾办公室，对建设场地进行抗震综合评价，充分考虑地震地质的影响。

（3）原建工程的改造和其他工程建设，应尽可能避开软弱土、液化土、孤丘、非岩质陡坡、采空区、河岸和边坡边缘、新填土及严重不均土层等抗震不利地段。

（4）地震时可能发生滑坡、崩塌、地陷、地裂、地表错位等危险地段，不应建造甲、乙、丙类建（构）筑物。

（5）上述抗震不利地段和危险地段，可辟为绿化区，或建造一些次要的、地震时不易造成人员伤亡和较大经济损失的丁类建（构）筑物。

2.3.3　设防标准

（1）企业项目主管部门在进行新建工程选址、可行性研究和编制计划任务书时，应按国家有关规定，提出抗震设防依据、设防标准及方案论证等。

（2）企业的一般建设工程，应按国家颁布的地震动参数（或地震烈度）区划图确定抗震设防要求❶。

根据规定，下列工程的抗震设防要求不应直接采用地震动参数区划图结果：

---

❶　系指国务院地震行政主管部门制定或审定的建设工程必须达到的抗御地震破坏的准则和技术标准。

（1）下列区域内的建设工程必须进行地震动参数复核工作。

位于地震动峰值加速度区划图峰值加速度分区界线两侧各 4 千米区域的建设工程；

位于某些地震研究程度和资料详细程度较差的边远地区的建设工程。

（2）下列地区应当根据需要和可能开展地震小区划工作。

地震重点监视防御区内的大中城市和地震重点监视防御城市；

位于地震动参数 0.15 g 以上（含 0.15 g）的大中城市；

位于复杂工程地质条件区域内的大中城市、大型厂矿企业、长距离生命线工程和新建开发区；

其他需要开展地震小区划工作的地区。

已进行抗震设防区划（地震影响区划）的企业，按批准的区划文件执行。

（3）下列建设工程必须进行地震安全性评价❶，并根据评价结果确定抗震设防要求。

1）重大建设工程❷；

2）可能发生严重次生灾害的建设工程；

3）核电站和核设施建设工程；

4）省、自治区、直辖市认为对本行政区域有重大价值或有重大影响的建设工程。

（4）地震安全性评价必须委托具有相应资质的单位进行。完成的报告应包括下列内容：

1）工程概况和地震安全性评价的技术要求；

2）地震活动环境评价；

3）地震地质构造评价；

4）设防烈度或者设计地震动参数；

5）地震地质灾害评价；

6）其他有关技术资料。

（5）企业工程建设的抗震设防标准，由防震减灾办公室对口实行统一管理。

（6）经审定和批准的抗震设防标准，任何单位和个人都不得随意提高或降低。

---

❶ 系指对具体建设工程地区或场址周围的地震地质、地球物理、地震活动性、地形变等研究，采用地震危险性概率分析方法，按照工程应采用的风险概率水准，科学地给出相应的工程规划和设计所需的有关抗震设防要求的地震动参数和基础资料。其主要内容包括：地震烈度复核、设计地震动参数确定（加速度、设计反应谱、地震动时程曲线）、地震小区划、场区及周围地震地质稳定性评价、场区地震灾害预测等。

❷ 主要指一旦遭到地震破坏会造成社会重大影响和国民经济重大损失的建设工程。其中包括使用功能不能中断或需要尽快恢复的生命线建设工程，如医疗、广播、通信、供水、供电、供气等均属此类。

2.3.4　抗震设计

（1）建设工程应当避开抗震防灾专项规划确定的危险地段。确实无法避开的，应当采取符合功能要求和适应地震破坏效应的抗震措施。

（2）工业建筑结构抗震设计应与工艺设计配合，选择对抗震有利的建筑布置：厂房的体型宜整齐简洁；重型设备宜低位布置或独立设置支承结构；锅炉和自备电站某些辅助设备，宜采用露天或半露天布置，毗邻于主体结构的室内外小屋，不应阻碍主体结构的地震侧向位移。

（3）结构设计应满足以下两种极限状态，承载能力极限状态：是相关倒塌或其他形式的结构失效状态，它危及人身安全；正常使用极限状态：与损坏相关的状态，超过此状态不能满足正常使用要求。

（4）新建、扩建、改建建设工程，应当符合抗震设防强制性标准。

（5）建设单位应当对建设工程勘察、设计、施工全过程负责，在勘察、设计和施工合同中明确采用的抗震设防强制性标准，按照合同要求对勘察设计成果文件进行核验，组织工程验收，确保建设工程符合抗震设防强制性标准。建设单位不得明示或者暗示勘察、设计、施工等单位和从业人员违反抗震设防强制性标准，降低工程抗震性能。

（6）建设工程勘察文件中应当说明抗震场地类别，对场地地震破坏效应进行分析，并提出工程选址、不良地质处置等建议。建设工程设计文件中应当说明抗震设防烈度、抗震设防类别以及采用的抗震措施。采用隔震减震技术的建设工程，设计文件中应当对隔震减震装置技术性能、检验检测、施工安装和使用维护等提出明确要求。

（7）对位于高烈度设防地区、地震重点监视防御区的下列建设工程，设计单位应当在初步设计阶段将建设工程抗震设防专篇作为设计文件组成部分。

（8）工程总承包单位、施工单位及工程监理单位应当加强对建设工程抗震措施施工质量的管理，确保质量责任可追溯。国家鼓励工程总承包单位、施工单位采用信息化手段采集、留存隐蔽工程施工质量信息。

（9）建设单位应当将建筑的设计使用年限、结构体系、抗震性能等具体情况和使用维护要求记入使用说明书，并将使用说明书交付使用人或者买受人。

2.3.5　施工验收

（1）施工单位必须严格按图施工，不得随意更改抗震设防措施，遵守有关施工规程和规范，做好各项施工、质检记录，并对抗震施工质量负责。

（2）工程管理部门要加强对抗震构造施工质量的监督和管理。

（3）工程质检部门在进行常规施工质量的监督、检查中，应特别注意对抗震设防措施的督查；并将检查结果记入质检报告，作为竣工验收的依据。凡不符合抗震设防要求的工程，应责令其补强、返工以至停工，并追究其经济责任。

（4）建设主管部门组织竣工验收时，应将抗震措施列为重要内容。重要工程的竣工验收，应通知防震减灾办公室派员参加。

《中华人民共和国防震减灾法》规定：重大建设工程和可能发生严重次生灾害的建设工程不进行地震安全性评价，或不按照评价结果进行抗震设防的，不按照抗震设计规范进行抗震设计，或不按照抗震设计进行施工的，将分别按第四十四、四十五条给予处罚。

2.4 抓紧进行原有工程的抗震加固

对20世纪70年代以前未考虑抗震设防的原有工程实行抗震加固，是保障人民生命财产安全的另一重要措施。经过几十年的不懈努力，这项工作在一些地区取得了显著成绩。然而，在全国范围内发展并不平衡，必须紧急填缺补遗，认真推动工作的进展。加固工程是保障建筑结构在地震发生时具备足够的抵抗力和韧性的重要手段。尽管在一些地区已经取得了较好的成效，但全国范围内的加固工作还存在不平衡的情况，需要加大力度进行补充和完善。在这项工作中，需要加强对老旧建筑的安全评估，确定加固的优先顺序和重点区域。同时，要制定科学合理的加固方案，确保技术的可行性和有效性。

2.4.1 总则

（1）凡未经抗震设防或设防达不到规定标准，且具有使用价值的原有建（构）筑物和设备、设施（临时、闲置和近期改造者除外），应采取抗震加固措施，达到应有的抗震能力。

（2）抗震加固必须按抗震鉴定、加固设计、设计审批、工程施工、竣工验收的程序进行。未经鉴定不得做加固设计，没有设计或设计未经审查批准的不得施工，施工未完成或施工质量不合格的不得验收。

（3）抗震加固应突出下列重点：

1）主要生产线上的厂房、重要设备及其构筑物；

2）生命线工程的设备、设施及其建（构）筑物；

3）次生灾害源的设备、设施及其建（构）筑物；

4）人员密集型建筑（如住宅、商店、影剧院和办公、教学、科研、实验楼等）；

5）地震重点监视防御区的建（构）筑物和设备、设施。

（4）经抗震加固的原有工程，在遭受相当于本地区抗震设防烈度的地震影响时，经一般修理或不经修理应仍可继续使用，且不导致严重次生灾害。

（5）抗震加固应与安全生产、维修改造相结合，努力提高其经济、社会和环境效益。

（6）企业防震减灾办公室应以加固技术方案和施工质量为重点，实行抗震加固工程的全过程管理。

（7）对无加固价值的原有工程，应采取报废、拆除或更新、改造措施。

2.4.2　抗震鉴定

（1）符合总则第 1 条的原有工程，应按重要程度分期分批委托有资质的单位进行抗震性能鉴定❶。经鉴定不合格、需要加固的，列入抗震加固年度计划。

（2）抗震鉴定应符合现行的各类抗震鉴定标准；鉴定标准中未作规定的，可参照现行抗震设计规范和有关规定。

（3）抗震鉴定应对工程的场地、设计、施工及现状进行全面调查，提出由鉴定人和审查人签字的书面鉴定意见，并承担鉴定责任。

（4）鉴定意见书的内容应包括：工程结构与现状的基本描述、抗震能力验算、抗震薄弱环节分析、加固处理意见及简图等。

2.4.3　加固设计

（1）列入抗震加固年度计划的工程，应尽可能委托原抗震鉴定单位进行加固设计。

（2）加固设计、实施方案应结合工程实际和鉴定意见，执行现行标准、规范，做到安全可靠、经济合理，方便施工和使用，适当兼顾美观，并不得影响原有功能。

（3）加固设计中采用的新材料、新结构，应通过有关部门的抗震性能鉴定；否则不得采用。

（4）设计文件必须包括：施工图、计算书、技术说明和工程概算等；设计、审核、专业负责人应逐级签字，并承担相应的设计责任。

2.4.4　设计审批

（1）所有加固设计、实施方案和概算，都必须报经审查批准。审批工作由企业防震减灾办公室组织进行。

（2）审批内容包括：鉴定意见是否正确，抗震设计是否符合有关标准、规范和工程实际，校核计算是否准确，加固方案是否可靠、合理并便于施工，是否

---

❶ 抗震性能鉴定是通过检查原有建（构）筑物和设备、设施的设计、施工质量和维护保养现状，按规定的抗震设防要求，对其在地震作用下的安全性进行评估。

影响原有功能，概算有无差错，设计文件是否齐全等。

（3）设计单位应根据审查中提出的修改意见负责修改设计。

2.4.5 工程施工

（1）抗震加固工程应优先选用技术力量较强、施工机具先进、有抗震加固经验和施工资质的单位进行施工。

对施工难度不大，特别是设备加固工程，提倡使用单位组织职工自行施工。

（2）施工前，设计单位应向施工单位和使用单位进行设计、技术交底，并随时解决施工中出现的设计问题。

（3）施工单位必须严格按批准的加固设计图和有关技术要求进行施工。需要变更设计时，必须办理设计变更手续，并经设计审批部门批准。

（4）施工时必须严格遵守现行施工、验收规范，严格采取安全、技术措施，并做好各项施工记录，确保施工质量和施工安全。

对复杂的加固工程，施工单位还必须认真编制施工方案，并经使用单位和管理部门审查同意后方可开工。

（5）使用单位和管理部门应加强对施工质量的监督、检查；发现不符合施工质量规定时，有权责令其补修、返工，直至停工，并追究责任及经济赔偿。

（6）施工单位应建立完整的工程施工技术档案，包括经审查批准的加固施工图、设计变更通知，隐蔽工程验收记录，材料和构件的检查、试验报告，材料代换、质量检验和事故处理记录等。完工后交使用单位一并归档。

2.4.6 竣工验收

（1）所有完成抗震加固的工程都必须认真进行验收。

一般工程的验收工作由使用单位组织进行，企业防震减灾办公室定期抽查；重点工程的验收工作由防震减灾办公室组织有关单位直接进行。

（2）验收标准应以现行抗震鉴定标准、抗震设计和施工、验收规范，以及批准的加固施工图为依据。

（3）验收工作的主要内容是：通过工程情况介绍、资料检查和现场查对，审查工程施工是否满足设计要求，加固质量是否符合有关规定，抗震性能是否达到设防要求，工程费用是否合理，技术档案是否齐全。

（4）验收合格的加固工程应填写工程竣工验收单，并逐级签署验收意见。对不符合抗震质量要求的加固工程，应视情况采取补救措施或重新加固后再行验收。

（5）结合维修、改造进行抗震加固的工程，竣工后应一并进行抗震加固验收。

2.5　破坏性地震应急预案的编制

地震灾害不仅是一种单纯的自然灾害，而是自然作用与人们行为共同导致下的综合成灾过程。在未来地震过程中，能否有效地减轻地震灾害，取决于多种因素。由于地震的突发性，以及地震预报的难度和现实水平，防御和减轻地震灾害在很大程度上取决于地震应急工作是否及时、有效。如果没有预案，震时的应急指挥很难避免"忙中出错"；一旦人们的应变行为失当，将可能加重地震灾害，从而造成巨大的损失。而制定预案，可使参与应急、救灾活动的决策指挥、组织执行者，对可能发生的灾害情况有所了解，并提供具有法规效用的操作规则和依据，从而在地震发生时，能及时、恰当地做好各方面应对准备，震后迅速、有序、高效、准确地实施抗震救灾行动，从而最大限度地减轻地震灾害的影响和损失。

制定破坏性地震应急预案既属于生产防灾范畴，但更多地属于社会防灾工作范畴；应建立在地震危险性分析和震害预测的基础上，根据地震应急的工作需要来编制。

2.5.1　破坏性地震应急预案的主要内容

2.5.1.1　应急机构的组成和职责

A　企业抗震救灾指挥部

要切实加强企业抗震救灾指挥系统的建设，形成上下左右紧密协作的运行机制；做到组织到位、人员到位、责任到位、措施到位，确保一旦发生地震，能够立即运转，及时指挥地震应急与救灾。由于企业抗震救灾指挥部是一个非常设机构，而各类企业的性质、规模、特点，以及生产组织和部门设置不尽相同，其破坏性地震应急机构的设置尚无法统一。总的来说，企业应急机构的设置原则是：

（1）在地震应急工作的各个环节上，实行行政首长负责制，层层落实目标责任；

（2）指挥部及其分支机构的设置，既要充分利用原有的管理渠道，又必须涵盖地震应急和抗震救灾的全部职能；

（3）明确指挥部及其分支机构的人员组成、负责人、职责、指挥地点和联络方式；

（4）指挥部应制定明确的决策原则和工作程序，按预定应急方案实施果断而高度集中的指挥。

图 2-1 为某大型企业抗震救灾总指挥部的组织网络图（仅供参考）。

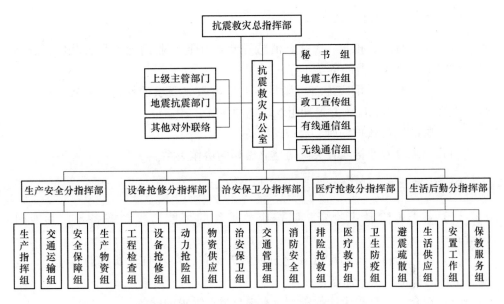

图 2-1　某企业抗震救灾总指挥部组织网络图

B　二级单位指挥机构

企业二级单位的"预案"中，也必须确定指挥机构的人员组成、负责人、职责、指挥地点和联络方式；并与上级指挥部及其分支机构建立明确的对应关系。

2.5.1.2　应急准备

A　应急通信保障

（1）装备多种可靠的通信手段（有线、无线、运动），确保内、外通信联络的畅通；

（2）做好自备电源、通信设施和线路的抢修、敷设抗震专线的准备；

（3）建立震时通信的值班守岗和保密制度，落实人员配备；

（4）排定重要通话序列，必要时实施监控、阻断措施；

（5）有条件的企业，宜组建抗震救灾专用移动通信网。

B　次生灾害防御

（1）安全防护措施，如监护、关闭、清障、应急泄洪、排放减压等；

（2）防止和控制火灾、爆炸、溢毒、放射性辐射等次生灾害的措施；

（3）防止次生灾害蔓延的措施，如消防、隔离、紧急迁移、划区警戒等。

C 抢险救灾队伍和装备

(1) 组建排险、抢救、医疗、消防等专业和非专业的抢险救灾队伍,震前做好组织机构及其人员的落实工作;

(2) 抢险救灾队伍应配备可满足专业抢险救灾要求的器材、装备,建立管理、维修和补充的制度,并定期组织培训和演练;

(3) 临时医疗救护场所、器械的准备;

(4) 与地方专业抢险救灾队伍建立密切的协作关系。

D 物资储备

(1) 各类抢险救灾物资,应按应急工作的可能需量备齐备足,并专门保管;

(2) 生产物料、备品配件和建筑材料等物资,应在日常储备的基础上,按应急工作的最小需量增加储备;

(3) 粮食、药品等生活物资,应有满足最低需求的储备;

(4) 无保存期限的储备物资,不得挪作他用;有保存期限的应定期更新;已消耗的储备物资,应及时补充。

E 抗震薄弱环节防御

(1) 建(构)筑物的重点监视或人员撤离措施;

(2) 生命线工程、主控系统和重要设备的监护措施;

(3) 关键部位的紧急加固措施。

F 疏散与避震

(1) 做好职工、家属疏散场地和路线的规划工作,并适时组织演练;

(2) 避震疏散的组织、指挥和安全措施;

(3) 震时坚守岗位职工的避震防护,应充分利用生产现场的有利条件,对无避震防护条件的岗位,应设置必要的防护设施。

G 灾害评估准备

(1) 按系统或单位组织震害调查,并明确调查程序和验评标准;

(2) 对调查、评估人员进行地震破坏等级划分标准和经济损失估算方法的培训;

(3) 位于地震重点监视防御区的大中型企业,应在震害预测的基础上,建立原始资料、维修改造和快速评估的计算机管理系统。

H　宣传、培训与演习

（1）将防震减灾宣传列入党委宣传工作计划；

（2）切实抓好防震减灾宣传普及教育，努力提高职工、家属的防震减灾意识和自救互救应变能力；

（3）制定重要岗位的应急操作预案，培训抢险救灾队伍，并组织操练，定期组织群众性的抗震救灾演习。

2.5.1.3　应急行动

A　震情报告制度

（1）地方人民政府发布临震预报后，企业向上级行业主管部门报告的规定，以及内部通报的程序和时限；

（2）遭遇破坏性地震后，向上级行业主管部门报告的规定和内容：

1）地震发生的时间、地点和震级；

2）地震破坏和人员伤亡情况；

3）生产运行和职工生活等情况；

4）抢险救灾安排。

B　应急行动方案（详见第3章）

（1）决策、指挥的基本原则；

（2）指挥部工作程序；

（3）分支机构的工作原则；

（4）二级单位情况上报的规定。

C　临震应急反应

接临震预报后，企业即进入临震应急期。抗震救灾指挥部及其分支机构迅速到位，按各级应急预案和防灾对策，部署实施下列各项应急工作：

（1）根据预报震情和受灾程度的预测，决策生产和避震方式，必要时组织疏散；

（2）启动各类通信手段，确保内外昼夜通信联络畅通；

（3）加强对次生灾害源和抗震薄弱设施的检查和监控，并采取相应的紧急处置措施；

（4）对生命线工程和重要生产装备实施安全防护措施；

（5）抢险救灾队伍集结待命，抢险救灾装备和物资准备就绪；

（6）医疗、物资、运输等后勤系统做好抗震救灾的应急准备工作；

（7）实施应急宣传措施，平息谣传和误传，保持生产秩序，保证社会稳定；

（8）实施强化社会治安措施；

（9）加强与地震部门的联络，随时掌握震情信息。

D 震时应急反应

为避免生产系统在地震时发生慌乱、操作失误，并为控制灾情扩展，应要求各岗位根据实际情况，制定震时应急操作预案。

（1）地震时不得中止运转系统的应急措施，以及坚守岗位人员的安全保障措施等；

（2）危险作业区（出铁、出钢、出渣或运输过程，易发生火灾、爆炸危害的岗位）的应急措施；

（3）可停产系统的调度管理和应急措施。

E 震后应急反应

遭受破坏性地震后，企业立即进入震后应急期。抗震救灾指挥部成员迅速到位，指挥实施下列各项应急行动：

（1）立即向上级部门和地方政府的抗震救灾指挥部报告震情和灾情，必要时发出紧急支援的请求；

（2）启动各类通信手段，确保内外昼夜通信联络畅通；

（3）迅速调集抢险救灾队伍，抢救被埋压人员，疏通道路，排除有害气体泄漏、火灾等险情，防止次生灾害扩展和蔓延；

（4）组织震害调查和参加灾害评估，划定建筑物和工程设施的安全、危险区域；

（5）抢修和恢复生产、生活供应的基础设施；

（6）强化社会治安，预防和打击各种违法犯罪活动；

（7）实施伤员的医疗救护工作，采取有效措施防止和控制疫情流行；

（8）妥善安置职工、家属，保障基本生活和安定；

（9）做好救灾物资的调拨、发放工作；

（10）做好救灾宣传、新闻管制和先进报道工作；

（11）部署实施恢复生产的工作。

2.5.2 破坏性地震应急预案的编制

2.5.2.1 破坏性地震应急预案的编制原则

A 贯彻"统一管理和分级、分部门负责"的原则

大中型企业应分级编制"预案"。由于应急、救灾的任务不同，各级"预

案"的性质和重点又各有区别：

企业、厂矿"预案"：为指挥部的决策、指挥性预案（两者间在内容的深度和广度上又有不同）；

部门、车间"预案"：为执行指挥部交付任务的实施预案；

工段"预案"：为保护设备、防止次生灾害而实施准确无误的操作预案。

B   "预案"应突出企业的特点和重点

企业的应急预案，应该反映出企业的特点；不同厂矿的"预案"，也应有不同的侧重。要有针对性地解决应急、救灾中比较突出的问题，注重"预案"在减轻地震灾害方面的实际经济效益。企业"预案"的重点是：防止次生灾害的发生和蔓延；安全停车及重要生产设施的保护；抢险、抢修工作的安全和及时。基层"预案"的重点是：各有关岗位震时操作的准确无误和全面、细致的震后检查。这是整个企业实施"预案"的基础。

C   各级"预案"应上下结合、紧密衔接，构成树枝形系列

编制"预案"必须从上至下，充分考虑高层次"预案"的制约和影响。这种制约和影响主要表现在防灾方针和防灾策略上。另外，编制"预案"又必须由下而上，因为只有基于最基层的情况之上，"预案"才能切合实际，具有可操作性。

在各应急期的应急行动上，企业一级的"预案"重在决策、指挥，主要任务是部署工作、提出要求、全面协调。具体的实施方案和措施，指挥部领导无暇一一过问，应该放到部门或厂矿的"预案"中去。只有尽可能压缩企业"预案"的篇幅，才便于指挥部领导快速查阅和掌握，才更具有实用性和可操作性。二级单位的专业"预案"作为企业"预案"的展开和深化，则要求详尽而具体。

某钢铁企业有关部门的专业"预案"内容见 5.2 节。

D   "预案"不能替代应急工作的决策和指挥

考虑到企业领导防、抗震知识的欠缺，"预案"应当规范地震应急的决策、指挥原则和工作程序，当好领导的参谋；但不能替代指挥部在应急、救灾工作中的决策和指挥。

E   "预案"的编制，必须以现有条件为基础

与抗震防灾规划不同，"预案"的编制，必须以企业的现有装备和客观条件为基础，通过领导的正确决策，并发挥广大职工的主观能动性，尽可能地减轻地震灾害。同时，"预案"的制订不能超越企业发展的实际水平；要把有限资金花

在刀刃上，解决大的、全局性问题。

另外说明的是，由于二级单位专业"预案"的要点，在企业防震减灾规划的"地震应急对策"中都有表述，因此，有些企业将破坏性地震应急预案编入防震减灾规划之中；这不失为一种避免重复的编制方法。

2.5.2.2　破坏性地震应急预案的编制和报批

企业破坏性地震应急预案的编制方法和审定程序，与防震减灾规划的编制大致相同。

企业破坏性地震应急预案定稿后，应按上级行业主管部门的规定报请审查、批准（或上报备案）。

2.5.2.3　破坏性地震应急预案的落实与修订

企业破坏性地震应急预案经上级行业主管部门（或企业）批准后，即应下发并制订工作计划，逐级组织落实。

企业破坏性地震应急预案，一般每 2～3 年修订一次；必要时可提前修订。

2.6　防震减灾宣传与培训演练

防震减灾宣传是防震减灾事业的重要组成部分。实践证明，做好防震减灾宣传、教育和培训、演练工作，不仅能增强全社会的防震减灾意识和实际防御能力，而且能有效地促进综合防御各项措施的落实；同时，对于有效减轻地震灾害，维护社会稳定，进一步提高我国防震减灾整体水平，都具有十分重要的现实意义。

2.6.1　防震减灾宣传

防震减灾宣传教育工作，是一项长期的战略性任务。企业各级党政领导，都必须以高度的政治责任感和震害忧患意识，认真、切实地抓好这项工作。

2.6.1.1　基本任务

防震减灾宣传工作的基本任务是：通过宣传教育，使广大干部群众进一步理解党和国家关于防震减灾工作的方针政策，掌握防震减灾科学知识，增强防震减灾意识和法治观念，提高对地震灾害的心理承受能力和实际防御能力，依法参与防震减灾活动，推动我国防震减灾事业发展，促进社会文明进步。

我国《"十四五"国家防震减灾规划》指出，做好全国防灾减灾日等重点时段的科普宣传，推进防震减灾科普宣传进学校、进机关、进企事业单位、进社区、进农村、进家庭，普及防震减灾知识，提升公众防震减灾科学素养和应急避险、自救互救技能。繁荣科普创作，联合社会各界力量共同研发推广科普精品。强化科普阵地建设，推进防震减灾科普纳入地方综合科普场馆建设。整合全国资源，建设融媒体中心，利用新媒体传播优势，推进科普品牌体系建设，扩大社会影响力，推动防震减灾科普产业化发展[1]。

根据不同的地震形势和社会舆论动向，防震减灾宣传可分为常规宣传、强化宣传、应急宣传和救灾宣传四种不同的方式。企业各级党委宣传部门，应据此制订宣传计划，安排宣传内容，设计宣传方案。

企业的日常防震减灾宣传，应以常规宣传为重点，做好防震减灾知识的全员宣传普及工作。在此基础上，还可突出防震减灾主题，适当加大宣传的力度和频率，进一步开展强化宣传工作。

2.6.1.2　常规宣传的内容

企业常规宣传的主要内容和任务是：

（1）介绍当前我国及本地的地震活动基本形势，引导职工，特别是各级领导树立常备不懈的震情观念和防震减灾意识。

（2）介绍我国地震、抗震工作的基本概况。既要讲清目前世界地震预报尚未过关的实际水平，又要宣传我国地震科技的发展和进步，给群众以信心和希望。

（3）宣传我国地震工作的方针政策和各项法规，引导职工增强地震法规观念，自觉按法规指导自己的行为，关心、支持并参加防震减灾工作。

（4）宣传企业防震减灾规划，以及地震综合防御的途径、环节和相互关系，促进企业和职工科学、协调地开展地震综合防御工作。

（5）介绍地震、工程抗震和防震减灾的基本知识，破除对地震的神秘感和恐惧感，提高识别宏观异常和地震谣传的能力。

强化宣传是带有任务性的防震救灾知识宣传，主要是在重点地震监视防御区或发布中、短期地震预报的地区及其周边地区进行。要向群众讲明震情形势、发震背景，宣传综合防御措施、有关部门应急预案、各种防震避震和自救互救知识、灾害保险知识，使地震和防震减灾知识真正做到家喻户晓。在地震重点监视防御区，还特别要注意随时掌握社会舆论动向，及时平息地震谣言。

2.6.1.3　宣传工作的重点

防震减灾的宣传工作要重点抓好以下几个方面：

（1）宣传习近平等国家主要领导同志关于做好防震减灾工作的一系列重要指示，宣传近年来党和国家关于防震减灾工作的重要方针政策，宣传防震减灾在我国国民经济和社会发展中的重要地位和作用，宣传各级政府推进防震减灾事业的重要工作部署。

（2）进行多震灾国情教育。要结合本地实际，采取适宜的形式，使广大干部群众对于我国地震活动频率高、强度大、范围广、震源浅等特点加深了解，充分认识我国防震减灾工作的重要性、艰巨性和长期性。

（3）普及防震减灾科学知识。要帮助人们了解地震发生和灾害形成的原因，加深对地震知识的了解，提高识别和抵制封建迷信思想和各种谣传的能力。要普及各种防震、避震知识，帮助广大群众掌握防震避险、自救自助的科学方法。要重点加强对广大中小学生的宣传教育，使他们在地震发生时能够采取正确的方法进行自我保护。

（4）进一步宣传普及《中华人民共和国防震减灾法》，以提高全社会依法参与防震减灾工作的自觉性。

2.6.1.4　宣传工作的组织

企业各级党委宣传部门、防震部门要把防震减灾宣传工作摆上日程，建立必要的协调机制，周密组织，科学安排，抓好落实。

（1）企业各级党委宣传部门要加强对防震减灾宣传工作的领导，会同防震部门制定宣传计划、提纲和方案，并列入党委宣传工作计划。

（2）企业防震减灾宣传的组织、协调工作，由党委宣传部负责，防震减灾办公室协助；宣传内容、宣传口径的把关由防震减灾办公室负责。

（3）企业精神文明建设和安全、法制教育，应当包括防震减灾方面的内容。

（4）企业宣传、防震和教育主管部门，应以各级党政领导和青少年学生为重点，有计划地进行防震减灾知识的全员轮训工作。

1）各级党政领导以学习防、抗、救基本知识为主，重点增强防震减灾意识、政策水平和决策、指挥的应变能力；

2）青少年学生利用"常识"课及课外活动，开展地震、防震知识和防震减灾教育；

3）各单位的职工轮训应在工会、安全部门的配合下，纳入技术培训和安全教育的正常工作，并进行必要的考核与评比；

4）家属的防震减灾教育，主要通过居委会组织学习、电视录像和职工的言传身教等方式进行。

（5）各级宣传媒体，要发挥报纸、广播、电视、黑板报、宣传栏等各自优势，在宣传、防震部门的组织和指导下，做好防震减灾的经常宣传工作。

（6）充分利用现有（还可因地制宜建立一些）科普教育基地开展防震减灾宣传教育，举办各种展览，生动直观地宣传地震知识。

（7）抓住《中华人民共和国防震减灾法》颁布实施日、国际减灾日、科技宣传周、历史上发生大地震纪念日、国内外发生地震后人们普遍关注地震等时机，因势利导，开展广泛深入的宣传；举办防震减灾宣传周活动，进行相对集中的常规宣传或强化宣传工作。

2.6.1.5　宣传纪律

（1）防震减灾宣传必须注意策略和方法；要向公众讲清宣传防震减灾、提高全民防震知识水平的道理。一般情况下不搞宣传高潮，不造宣传声势，以免造成不必要的误解。

（2）一般防震减灾知识的普及性宣传，应以正式出版和地震部门提供的资料为依据，或请防震减灾办公室审查把关。

（3）涉及震情和地震形势的公开宣传，要严格按地震部门的统一口径进行。

（4）有关地震预报、震情灾情和震后趋势的宣传、报道，必须经政府批准，按统一的口径进行。

（5）不得宣传报道任何以个人身份发布或涉及国外地区的地震预报。

防震减灾宣传是一项十分敏感、政策性很强的工作，必须慎重对待，把握好分寸。各级宣传、防震和其他有关部门都必须严格遵守上述规定，妥善处理开展防震减灾宣传和维护社会稳定的关系，相互配合，共同努力，使防震减灾各项宣传任务切实落到实处。

2.6.2　岗位应急操作的培训、操练

地震时，受冲击最大的是人的心理；在相当一段时间里，人的心理和思维都处于一种惊恐、慌乱的意识状态中。为防止惊慌状态下的误操作而导致的人为灾害，各重要操作岗位均应结合事故操作规程和本岗位的实际，制定临震和震时的应急操作规程，并进行经常的培训和操练。

这项工作应由岗位所属单位的生产、技术和安全部门组织实施，并逐级落实。

2.6.3　救灾队伍的专业培训和演练

2.6.3.1　培训内容

（1）排险抢救，应在被埋压人员的搜索、排险作业、救援技术、高空抢救、安全防卫等方面进行专业培训和模拟演练，以提高应变能力和业务技能；

（2）医护卫生人员，应开展地震伤抢救、治疗、护理和卫生防疫的专业轮训，并每年进行一次实地救护演练；

（3）加强专职、义务消防队的专业培训，每年组织一次实战灭火演习，提高火灾扑救技能和自防自救能力；

（4）能源、动力和建筑等专业抢险，应按各自专业的需要组织培训和演练。

2.6.3.2　培训组织

（1）企业专业救灾队伍的培训组织，由企业教育主管部门、防震和相关专业的职能管理部门共同负责；师资和教材由有关专业的职能部门解决。

（2）二级单位非专业救灾队伍，由企业培训骨干后，自行组织轮训和演练。

2.6.4　防震减灾演习

2.6.4.1　演习的目的

（1）检查实施各类防灾对策和应急预案的落实情况，找出综合防御的薄弱环节；

（2）提高职工防震减灾的各种应急、应变技能；

（3）提高各级领导判断、决策和指挥的应变能力。

2.6.4.2　演习的组织

（1）演习应在实施宣传培训等防灾对策和应急预案的基础上，利用生产间隙组织进行；

（2）演习的规模应根据防震减灾需要和生产的可能性确定；

（3）演习由生产、防震和其他有关部门共同筹备与组织，在企业抗震救灾指挥部的指挥下进行。

2.7　疏散与守岗避震措施

合理的疏散规划和坚守岗位人员的避震防护措施，对减轻人员伤亡、保证地震应急和抗震救灾行动的实施，起着重要的作用，必须认真对待。

2.7.1　疏散避震

2.7.1.1　疏散人口的确定

（1）现有人口，应按区域、工作性质和年龄、结构分类统计；厂矿还应统计出勤最多班次的职工人数。

（2）安排疏散人口的计算（供参考）。

厂区、机关：视情况按 50%～80% 计算，或按出勤最多班次人数的 90% 计算；

医院、校园：建议按 90% 计算；

居民区：建议按 60% 计算。

2.7.1.2 疏散重点

(1) 重点区域: 日本名古屋市按具备下述两条以上为标准, 设定危险对象区域。

1) 抗震不利或危险地区: 如液化、震陷、滑坡、崩塌、失稳及冲积层地区等;

2) 人口密集区: 1.5 万人/平方千米以上 (白天、夜晚取较多数);

3) 非耐火建筑物密集区: 非耐火建筑面积占场地面积的 20% 以上。

根据我国情况, 未设防、加固的老旧建筑相对较多的区域也应列入其中。

(2) 重点对象: 儿童、中小学生、老弱病残和孕妇。

2.7.1.3 疏散场地的选择

(1) 实行就地就近疏散的原则, 一般以半小时 (厂区为 15 分钟) 内到达疏散点为宜;

(2) 疏散容量一般不小于 3 平方米/人 (日本规定不小于 2 平方米/人);

(3) 避开高层建 (构) 筑物, 并远离易发生次生灾害的场所;

(4) 有较好的道路条件, 便于医救防疫、消防治保和生活供应。

依据上述原则, 可选择公园、空地、绿化带、球场、大院及不影响交通的宽阔道路; 而人防工事对直下型地震来说并不一定安全。

2.7.1.4 疏散路线的选择

(1) 道路通畅 (日本规定路宽不小于 15 米);

(2) 沿途应避开高大、易燃建 (构) 筑物和高压电器、线路;

(3) 对复杂环境, 应考虑两条及以上路线 (可选择绿化区、带) 疏散。

2.7.1.5 疏散的组织实施

(1) 职工的撤岗疏散应在保证人身安全的前提下, 实施次生灾害源和重要设备的必要防护措施后, 按指令有组织地进行;

(2) 居民区的疏散应按城市疏散规划, 在街道和居委会的组织指挥下进行, 企业应做好协助工作;

(3) 为防止疏漏并开展互帮互救, 企业的疏散应以班组、居民以平房的栋和楼房的单元 (明确负责人) 为行动单位集体进行;

(4) 所有疏散人员, 都必须沉着冷静, 服从指挥, 团结互助, 遵守秩序;

(5) 居民撤离时, 必须切断煤气、电源, 熄灭火种, 关好门窗, 并携带充足的饮水、食品和衣被、雨具、手电筒等日用品。

2.7.2　守岗职工的避震防护

地震时，除指挥部和救灾人员外，一些关键生产岗位，特别是要害岗位人员往往要坚守岗位或值班守岗；因此，必须制订必要的守岗纪律和避震防护措施。

2.7.2.1　守岗范围

关键生产岗位是指：通信台站，变、配电所，水泵站，制氧机站，煤气站、柜，液化气站，大型风机房、空压机站，调度系统，主电室，电磁站，用于生产自动控制的计算机室，重要设备操作台，各类油站，锅炉房等。

其中，通信台站、调度系统和列入要害部位的动力运行房所为要害岗位。

2.7.2.2　守岗纪律

（1）应急、救灾期间，指挥部人员必须坚守岗位，并一律就地、就近休息；

（2）所有关键生产岗位人员都必须执行上级指令，不得擅自停机或脱逃，轮休人员必须按时出勤上岗；

（3）无论是坚守岗位，还是停机撤离，在岗人员都必须沉着、冷静，谨慎操作。

2.7.2.3　保障措施

（1）各级组织和领导，都必须认真关注关键生产岗位，特别是要害岗位人员的避震安全防护工作，渎职、失职者依法追究责任；

（2）避震防护设施应充分利用可靠藏身的现场条件，无藏身条件的岗位应设置必要的有效防护设施；

（3）岗位职工必须熟悉自己的现场避震设施及行动路线，并适时组织演练。

2.8　其他措施

2.8.1　防震减灾计算机管理系统

在防震减灾工作中，防震减灾管理信息系统是极其重要的组成部分，该系统是一个服务于应急响应、灾情动态跟踪、数据分析、对策生成、辅助决策、应急指挥的完善系统。

应用先进科技手段，建立企业防震减灾计算机管理系统，不仅能实现企业防震减灾基础资料和对策措施的动态管理，还可为震害预测和辅助决策提供高效的可视化服务；同时，也可用于火灾、水灾等其他灾害的防御，以及为企业的工程建设和土地规划等管理服务。

以 GIS 为平台的防震减灾计算机管理系统，一般包括若干个子系统，分别将与企业地震环境（地震危险性分析和地震小区划）、震害预测（包括建、构筑物、生命线工程、次生灾害、人员伤亡和经济损失等）、防震减灾对策和应急措施（可合并、增改或进行模块化处理）有关的基础资料输入计算机，并进行数字化处理、坐标转换等，建立相应的数据库（空间数据库和属性数据库）。然后对各子系统进行集成，并进行 GIS 系统的二次开发和多媒体包装，根据地震区划、震害预测和对策措施的结果，建立快速的信息查询和辅助决策系统，为有效的实时灾情分析和提供地震应急、抗震救灾指挥决策与信息服务。

GIS 技术与 VB 多种软件混合编程技术应用于防震减灾中，能够将地震基础数据库中无法看到的数据之间的关系模式和发展趋势借助于其独有的空间分析、网络分析、数学模型分析和可视化功能清晰直观地表现出来，同时能够根据实际需要准确真实、图文并茂地满足用户对空间信息的查询、检索、统计和计算要求，从而满足决策多维性的需求[2]。

随着信息技术的广泛应用发展，必将为防震减灾工作提供更好的平台。

2.8.2　抗震科研

企业应当鼓励和支持科学技术研究，推广先进的科学研究成果，并积极参加国际、国内防震减灾的科学技术合作与学术交流，不断提高企业防震减灾的科技水平。

企业应结合本单位实际，积极参与防震减灾新技术、新材料的研究和应用。例如：

（1）智能结构监测技术；

（2）主动控制技术；

（3）纳米材料；

（4）智能阻尼器；

（5）轻质阻尼材料；

（6）增强型混凝土；

（7）三维打印技术；

（8）全新结构体系。

此外，企业还应积极开发抗震设计新型软件，以及应急、救助技术和装备的研究开发和推广应用工作。

目前，地震应急、救助技术和装备主要包括如下方面：

（1）受弯构件外部粘钢加固技术；

（2）碳纤维（CFRP）粘贴加固技术；

（3）不停产或少停产的加固、改造技术；

（4）精密仪器、设备和建筑物的隔震和消能减震技术；

（5）敷设、修复地下管网的非开挖技术。

此外，企业还应积极开发抗震设计新型软件，以及应急、救助技术和装备的研究开发和推广应用工作。

目前，地震应急、救助技术和装备主要包括如下方面：

（1）地震灾情监测与救灾指挥技术；

（2）救灾照明技术；

（3）被埋压人员的搜寻与定位技术；

（4）抢救被埋压人员的技术和装备；

（5）特殊环境下的救灾与救灾机器人；

（6）灾民生活安置的实用技术；

（7）应急防御技术和装备；

（8）震时自动保护技术和装备。

2.8.3 地震保险

国家发展有财政支持的地震灾害保险事业，鼓励单位和个人参加地震灾害保险。

我国是世界上地震多发国家之一，随时都面临着地震的威胁。我国地震等巨灾风险管理主要靠的是国家财政拨款和社会捐助，市场化的巨灾补偿机制却非常少，而财政拨款和社会捐助都有着明显的缺陷。财政预算对救灾基金的安排是有限度的，如果灾难发生后所需资金数额庞大或者出现灾难多发的情况（如2008年同时发生了雨雪冰冻灾害和汶川地震），财政预算的资金就捉襟见肘，难以满足灾后重建的需要。同时，因受灾群众人数众多，摊拨到每个人能分得的救济金的数额，对其灾后的生活帮助有限。虽然"一方有难，八方支援"是中华民族的优良传统，但是社会捐助完全依赖社会群众和企业团体等的自发自觉，在时间和数量上都有着不确定性，与救灾资金的迫切性和大量性相矛盾。在我国现有保险市场条件和保险经营水平下，地震保险完全由商业保险公司来运作也很不现实，因此，必须在一个综合的地震保险制度框架下，政府出台地震保险方案，商业保险公司积极参与，多方力量共同推动地震保险业务的发展[3]。

地震灾害保险是分解地震灾害损失、完成抗震救灾任务的一个重要经济手段。通过保险，可以把个别地区、个别企业和单位难以承受的地震风险，集中起来分散到全国，让全国所有参加保险的千万家企业、单位共同承担震灾损失。即通过收取分散的保险费来建立集中的保险基金，专门用于补偿地震等巨灾造成的经济损失；扶持受灾企业及时恢复生产经营，提高经济效益，稳定财政收支，避免或减少更大的间接损失，并帮助受灾群众安定生活和重建家园，从而达到减轻国家财政负担，保证国家财产不致因地震等巨灾而损失的目的。

在大地震发生后，重要的任务就是要解决好恢复问题。恢复包括稳定社会，重建正常的生产、工作、生活秩序，发展生产，重建家园等各项活动。要完成这些任务，除了依靠和发动群众，坚决贯彻党和国家一贯倡导的"自力更生，艰苦奋斗，发展生产，重建家园"方针外，还必须有足够的资金保证。从我国的国情出发，单纯依靠财政拨款、拨物是不可能，也是不应该的。主要的出路和最有效的办法，就是把保险机制引入抗震救灾体系。

加快建立我国地震保险制度，一是要加快保险立法工作；二是要设立地震保险基金；三是要政府推动政策支持；四是要分离形成多重均衡；五是要加强全民教育。对巨灾风险管理体系和对巨灾损失融资体系的建设必须在政府的主导下展开，只有借助政府强大的管理功能、雄厚的资金实力和较高的信用保障才能推动我国巨灾保险快速健康地发展。通过政府功能的介入，通过设立数个政策性的保险公司对全国的巨灾风险进行集中管理和经营；再通过大力发展再保险和引入巨灾债券，将巨灾风险在国内外更广泛的范围进行分散；最后通过多样化的政府救济方式为补充手段。最终形成一个由巨灾保险公司、再保险公司、政府、个人和投资者共同分担的巨灾保险体系[4]。

因此，在企业防震减灾的日常管理工作中，应不断增强企业领导和职工的地震灾害保险意识，积极响应国家的号召，自觉地参加地震灾害保险。

2.8.4　防震减灾信息化平台

防震减灾信息化平台主要是由地震部门、应急管理部门、科研机构等相关部门共同建设和维护的，旨在提供地震灾害的监测、预警、应急响应、灾后恢复和防灾减灾决策支持等功能。

防震减灾信息化平台的核心组成部分：（1）地震监测与预警系统：通过建立地震监测网络，及时获取地震活动数据，并进行实时分析和判断，以提供地震预警信息和决策依据。（2）地震灾害评估系统：结合地震监测数据和地质、地形等信息，对地震灾害进行评估和分析，包括地震风险评估、地震破坏程度评估等，为防灾减灾决策提供科学依据。（3）应急响应与指挥调度系统：在地震发生后，协助应急管理部门进行应急响应和灾情指挥调度，包括救援队伍调度、物资调配、疏散人员安排等。（4）灾后恢复与重建管理系统：对地震灾害造成的损失进行评估和统计，协调和指导灾后恢复和重建工作。

3　地震应急与抗震救灾

3.1　地震预报与地震应急

3.1.1　国家关于地震预报的规定

3.1.1.1　地震预报的分类

长期预报，是指对未来 10 年内可能发生破坏性地震的地域的预报；
中期预报，是指对未来 1~2 年内可能发生破坏性地震的地域和强度的预报；
短期预报，是指对 3 个月内将要发生地震的时间、地点、震级的预报；
临震预报，是指对 10 日内将要发生地震的时间、地点、震级的预报。

3.1.1.2　发布地震预报的规定

国家对地震预报实行统一发布制度。
全国性的地震长期预报和中期预报，由国务院发布。
省、自治区、直辖市行政区域内的地震长期预报、中期预报、短期预报和临震预报，由省、自治区、直辖市人民政府发布。
已经发布地震短期预报的地区，如果发现明显临震异常，在紧急情况下，当地市、县人民政府可以发布 48 小时之内的临震预报。
地震短期预报和临震预报在发布预报的时域、地域内有效。
任何单位和个人不得向社会散布地震预报意见及其评审结果。
任何单位和个人观察到与地震有关的异常现象时，应当及时向所在地的县级以上地方人民政府负责管理地震工作的机构报告。

3.1.2　国家关于地震应急期的规定

地震应急是指为了减轻地震灾害而采取的不同于正常工作程序的紧急防灾和抢险行动。根据不同时段，地震应急可分为临震应急和震后应急。
（1）临震应急期。破坏性地震临震预报发布后，有关省、自治区、直辖市人民政府可以宣布预报区进入临震应急期，并指明临震应急期的起止时间。
临震应急期一般为 10 日，必要时，可以延长 10 日。
（2）震后应急期。破坏性地震发生后，有关的省、自治区、直辖市人民政府应当宣布灾区进入震后应急期，并指明震后应急期的起止时间。

震后应急期一般为 10 日，必要时，可以延长 20 日。

3.1.3   地震应急的工作内容

（1）震前应急防御。主要包括实施各方面应急计划并检查执行情况；生命线工程、次生灾害源的紧急处置；医疗救护准备；社会治安及交通管制；检查落实救灾准备情况等。

（2）震后应急反应。主要包括成立救灾指挥机构和实施救灾预案，即伤员抢救、次生灾害处理、生命线工程抢险和灾民的紧急安置；地震速报、震后趋势判断和震害快速评估；维护社会秩序；争取援助（国际和国内）等。

（3）虚假地震事件处理。即平息地震谣传和误传的社会影响，做好宣传工作。

3.2   指挥机构应急行动方案

为便于抗震救灾快速、正确地决策和指挥，企业应结合自身实际，制订出应急、救灾行动中应遵循的基本原则、工作程序和震情的报告程序及时限。这是因为：

（1）与政府的宏观指挥不同，企业面对的都是具体的实际问题，需要快而准地做出决断，拿出指挥意见；

（2）企业领导多无强震经验，应急、救灾知识缺乏，突遭强震袭击，易造成心理、思维混乱，往往导致决策、指挥的失当；

（3）地震及震害情况千差万别，不可能事事、处处都制订出相应对策，只能在适当原则下具体问题具体对待；

（4）没有明确的工作任务和程序，往往会造成工作的疏漏和目标的混乱。

3.2.1   应遵循的基本原则

（1）快速反应，立即上岗。

当突发破坏性地震，或接到破坏性地震临震预报后，企业立即转入震时组织体制。

各级抗震救灾指挥机构成员，必须立即赶赴预定集中地点，决策并部署工作。各级在岗领导和职工，都必须按预定方案实施和参加地震应急与抢险救灾工作。任何人都不得违抗命令，临"震"脱逃。

（2）放慢节奏，酌情处置。

破坏性地震后应采取的第一个措施是：放慢生产节奏，尽快适应并控制震后的慌乱，避免因此造成更大的损失。

决策生产和避震的方式，应根据发生或可能发生的震情和灾情。其一般原则是：

1）当发生或可能发生中等以上破坏时，在采取必要保护措施的前提下，可考虑采取停产方式。除通信、动力运行和部分生产要害岗位人员，在落实可靠的就地避震防护措施后坚守岗位外，其他人员采取疏散避震措施。

2）当发生或可能发生轻度以上、中等以下破坏时，对不影响企业主要产品生产的装备，可采取停产方式；其他生产和辅助生产装备，在采取必要防范措施后，一律坚持生产（注：地震破坏等级：基本完好、轻微破坏、中等破坏、严重破坏、倒塌）。

3）当破坏或可能发生的破坏轻微时，应坚持生产和实行就地避震。

要警惕强余震的发生和影响，防止加重伤亡和损失。

（3）突出重点，统筹抗灾。

抗震救灾工作千头万绪，在统筹安排时应根据不同的震情和灾情，确定不同的工作重点：

当震害较轻时，应以坚持（维持）正常生产或尽快恢复生产、保障职工基本生活为中心开展工作；

当震害严重时，要以保障人身和主要生产装备的安全、防止次生灾害的发生和蔓延为重点进行抢险救灾。

（4）条块结合，高度集中。

地震应急和抗震救灾犹如一场瞬间的立体战争，优柔寡断是要贻误战机的；必须依据预定的应急方案，实行果断而高度集中的指挥。

在指挥体制上，宜实行条块结合、双重领导的原则：即各下级职能指挥机构在接受本单位指挥部直接指挥的同时，还必须服从上级本职能指挥机构的指挥和调遣。

（5）分片负责，相互配合。

地震应急和抗震救灾是一项系统工程。各单位、各部门及每个职工，在分片负责、主动做好本职工作的同时，要互通情报、相互配合。任何组织和个人都必须服从指挥、听从调遣，以提高地震应急和抗震救灾的整体效果。

3.2.2　工作程序

接破坏性地震临震预报或首震脱险后，指挥机构成员必须限时赶赴指定地点集中，并按预定程序决策、部署地震应急和抗震救灾工作。

（1）依据政府指令，通告企业进入临震或震后应急期，并指明应急期的起止时间；命令企业各级机构转入震时组织体制，实施地震应急和抗震救灾工作。

（2）判断企业震后受灾范围和灾害程度（或听取下属单位关于震灾情况的简要汇报），决定生产和避震的方式和范围；并签发命令予以公布。

（3）根据预报震情和灾情，部署应急准备工作。首先要保证：

1）应急通信的畅通；

2）生命线工程、重要生产设备和次生灾害源的紧急防护或处置；

3）避免或减少人员的伤亡；

4）抢险救援人员、物资和资金的调集和准备。

（4）检查各下属单位应急预案的实施情况，对存在问题进行紧急处理。

（5）根据企业破坏性地震应急预案的"临震应急反应"和"震后应急反应"内容，部署、指挥实施地震应急和抗震救灾的各项工作。

实施"预案"时，应随时根据实际灾情做相应调整。

（6）根据震情、灾情及其发展趋势，研究并决策下列工作：

1）保持稳定生产、部分生产或停产的各有关措施和方案；

2）决定抢险救灾工作的重大举措，以及实施中的保安措施；

3）为稳定生产、生活和社会秩序而采取的措施；发布有关治安管理、交通管制及防火安全等方面的通告；

4）为防强余震加重损失而采取的措施；

5）研究求援和支援地方的问题。

（7）按上级要求时限，审定、签发震情、灾情报告。

（8）研究并统一部署后续的抗震救灾和生活安置等问题。

（9）研究并部署震后早期的恢复工作。

3.2.3 震情报告程序及时限

为在临震前及时做好地震的防范准备，最大限度地减轻震害损失，同时为了准确上报企业灾情，以利上级政府准确决策、实施地震紧急救援行动，必须做好临震预报的通报，以及企业震害损失和伤亡情况的统计、上报工作。为此，必须规定震情报告的程序及时限。

震情报告的程序及时限包括：

（1）企业接到临震预报后，报告指挥机构领导人及通知机构成员的程序及时限；

（2）指挥机构签发通报命令后，通报企业各下属单位的程序及时限（如在30分钟内完成通报）；

（3）各下属单位接到临震预报后，向企业指挥机构报告应急准备情况的程序及时限（如2小时内）；

（4）突发地震后，各下属单位向企业指挥机构报告灾情和伤亡、损失初步统计的程序及时限（如震后 30 分钟内简报伤亡、损失概况，2 小时内上报初步统计资料）；

（5）企业指挥机构向上级行业管理部门及地方政府报告灾情和伤亡、损失情况的程序及时限（根据上级主管部门、政府的规定或要求确定）。

3.3 应急通信保障

无论在临震还是震后，及时、连续、可靠的地震通信对地震应急和抗震救灾工作的组织开展，都具有特别重要的意义。由于地震通信量大而急迫，必须采用多种通信手段（有线、无线及运动通信），制定相应对策和措施（组织、工程、技术、抢修、物资等），确保准确而迅速地传递地震信息和应急、救灾工作指令。

3.3.1 临震通信

3.3.1.1 有线通信

（1）生产调度通信系统立即转为应急、救灾指挥通信系统，并优先保证震情通信。

（2）防震减灾办公室开通下列专用电话：

1）调度电话：接通与指挥通信的联络；

2）专线电话：用于震后与指挥机构、与总机的特殊联络；

3）直拨电话：用于同上级行业管理部门，省、市及周边地区地、抗震部门的联络；

4）密码电话：号码保密的普通电话，防止电话拥塞不通（可与直拨同机）。

（3）做好抢修、抢通队伍，器材、物资和备用电源的一切准备。

3.3.1.2 无线通信

（1）立即开通（无线）第二指挥系统，并调准预定的专用频率，实行保密通话。

（2）将平时各系统的纵向通信切换为横向通信，并通告震时特别用途呼号。

（3）无线寻呼网转为震时指挥通信的辅助网，以无线调度方式开展工作。

（4）启动移动无线通信基地台和无线通信指挥车，并立即组（进）网开通联络。

（5）做好抢修和备用电源的一切准备。

3.3.1.3 运动通信

调集运动通信的各种交通工具。

3.3.2　震后通信

不论何种震情，在通信没有完全瘫痪的情况下，通信职工都必须值班坚守岗位。

3.3.2.1　有线通信

（1）按下列序列优先保证重要通话：

第一序列：企业指挥机构和承担排险抢救、医疗救护、次生灾害抢险、通信抢修、重大治安事件处理等有关单位的指挥机构；

第二序列：其他单位的指挥机构，煤气、氧气、电力的生产车间和重要运行房所、泵站；

第三序列：其他重要生产车间及岗位。

（2）必要时实行通话监控制度，并有权阻断占用线路而无关应急救灾、生产指挥和震情传递的电话。

（3）当通信电缆的部分线对发生中断时，利用完好线对迂回接通或抢设临时线对保证重要电话的联络畅通。

（4）当机房、设备震毁或无法供电时，抢装人工交换机迅速接通上下指挥机构的电话联络。

3.3.2.2　无线通信

同临震应急时的无线通信。

3.3.2.3　运动通信

当有线通信中断、无线通信因地磁场异常而无法工作时，应启用移动通信保证联络。同时，对损坏的电信设施立即组织力量抢修。

3.4　生产应急措施

3.4.1　临震应急措施

（1）加强调度、通信值班，备好通信设备和专用车辆，密切与企业指挥机构的联系，保证上级指令和基层信息的及时传递。

（2）各专业抢险救灾队伍立即赴预定地点集结待命，并做好一切准备工作。

（3）立即组织动力设施的巡检，密切监视生产用水、蒸汽及煤、氧气的压力和流量；发现异常立即按有关安全操作规程紧急处理。

（4）巡查守岗职工避震防护措施的落实情况，对疏漏者要作紧急处理。

（5）检查、紧固重要设备及防护装置的连接与固定，对浮放的精密仪器、设备，要采取固定或其他妥善措施。

（6）生产设备的操作和控制，要改自动为手动，以免受震误动作而引发事故。

（7）停运对生产影响不大的动力设备，并卸除管网系统的压力。

（8）贮水池、事故水（油）箱等应贮满防患；对煤气柜、油罐以及水塔、料仓等高重心的贮备装置则要考虑减量贮存，以防受震造成严重破坏。

（9）对装有易燃、易爆、腐蚀性物质的设备和容器，检查其密封情况，并将其固定或妥善处置。

（10）凡能停用的吊车，宜停放在距厂房端部 6 米以外或伸缩缝 6 米以外的位置。

（11）检查灭火、防毒用具和排水设施，保证能迅速制止次生灾害的发生和蔓延。

（12）向厂（车间）指挥机构报告各类检查情况。

3.4.2　震后应急措施

（1）当班调度立即开通通信设施，听取企业指挥机构指令。联络中断时，各级领导应就地划片组织地震应急和抗震救灾，不得等待观望。

（2）未接撤离命令时，在岗职工应坚守岗位。撤离必须有组织地进行。

（3）各专业抢险救灾队伍立即赴预定地点集结，迅速做好各项准备整装待命，随时执行指令投入抢险救灾工作。

（4）当主要生产设备未遭破坏时，应（放慢节奏）维持生产，不得随意停工。当震害影响生产时，必须经企业指挥机构批准后方可实施停产。当破坏严重而被迫停产时，应立即报告企业指挥机构，并按有关规程采取紧急措施，保护设备。

（5）当造成全厂停电时，要立即查明情况报告企业指挥机构；所有设备严格停车，未接命令不得启动。若局部停电，则尽量维持生产，并迅速查明事故，组织抢修。

（6）当动力设施破坏或管道中断时：

1）立即报告企业指挥机构和有关动力的生产厂，并通知相关工序。

2）针对不同介质，实施紧急处理：

水：关闭绝水线两端阀门，并将溢水引入明沟，防止造成水患。

煤、氧气：按有关规程切断气源，划出警戒区域，在泄漏点规定范围内严禁火种，并撤除或隔离易燃、易爆物品。

氮气：切断气源，划出危险区域，以防窒息。

蒸汽：按有关事故规程处理，防止烫伤。

3）查明情况，组织抢修，并采用缓供或限供措施，确保重要部位供应。

4）震害严重时，应立即向有关专业抢险队求援，并在专业抢险队到场指挥下，组织实施进一步的事故处理和抢修工作。

（7）发生火情时，现场人员应就地使用消防器材灭火自救，义务消防队立即投入灭火，治保人员设防警戒，无关人员撤离现场。火情严重时，应立即向企业指挥机构求援。

（8）发生轻质油泄漏、毒品外泄、放射性辐射时，应立即切断电源、灾害源，并测定环境浓度或辐射量，划出警戒区域，并作相应紧急处理。

（9）医疗救护队和排险抢救人员迅速携带急救器具和药品，赶赴受灾较重区域实施伤员的搜寻、排险、抢救和治疗工作。重伤员经现场救治后，要迅速转送医疗救护站或医疗救护中心进行进一步的抢救和治疗。

（10）加强厂区的治安保卫工作，严防企业资产的偷盗和哄抢。

（11）震后组织专人检查重要生产设施和厂房的震损情况，并采取必要的防强余震措施，以防加重破坏。发现严重异常时，不得强行生产，以免造成意外伤亡和损失。

（12）做好抗震指挥、抢险救援和守岗人员食宿的临时安置工作，以及其他后勤工作。

3.5 伤员抢救

3.5.1 排险抢救

3.5.1.1 排险抢救队伍的组织

（1）由人武部抽调基干民兵组建两个排险抢救梯队。第一梯队按厂区、居民区分片就近组建若干个作业连队；第二梯队组建若干连队作为机动应急力量。其任务是：在建筑专业抢险队的协助下，现场搜寻、抢救出被埋压人员。

（2）由建筑施工队伍组建若干个专业抢险队，对倒塌和危险建、构筑物进行排险、清障和发掘工作。

3.5.1.2 器材配备

（1）作业连队应配备铁铲、钢钎、撬棍、斧子、千斤顶和简单起重工具、标记材料、手电筒及担架等器材。

（2）专业抢险队还应准备起重器械、空压机和掘进、切割、装载机具，及近人爆破器材。

3.5.1.3 抢救作业

按倒塌群划定范围，以连队为作业单位，在通信、医救、起重、运输等专业队的配合，及熟悉情况人员的协助下拟订作业计划，并分流若干作业小组（3～10 人为宜）实施抢救。

抢救作业可分三个阶段又不截然分开，可根据人力物力及现场情况同时或交叉进行。

第一阶段：侦查倒塌（破坏）体，了解破坏情况，被埋、困人数及位置，现场可供利用的资材，以及最有利的作业方式、方法和装备。侦查的同时，救出易抢救的被埋、困人员。

第二阶段：进入那些难以进入的倒塌（破坏）体进一步侦查，并营救那里的人员。本阶段任务艰巨，需较多人员参加，还需有较高的训练水平（未经训练只能协助做支援工作）。

第三阶段：清理倒塌（破坏）群，抢救文档、珍品，搬运尸体。在确认瓦砾中掩埋人员没有生命体征的前提下，应用大型工程机械进行联合作业。

3.5.1.4　救援技术

A　被埋压人员的定位

（1）根据倒塌体特征和亲属、近邻提供的情报，有目的地搜索定位。
（2）发出搜索信号，侦听反馈及呼救信号。
（3）辨认血迹和人的活动痕迹追踪搜索。
（4）利用红外仪、CO_2 气体快速微量测定及受训警犬进行搜索定位。

B　救援方法

（1）对被埋人员，应先暴露头部，清除口鼻内异物，进而暴露胸腹部，再行救出；如有窒息，立即进行人工呼吸。
（2）对伤势严重的人员，不得强拉硬拖，应设法暴露全身，查明伤势进行急救；脊椎损伤者，搬运时应用门板或硬担架。
（3）对一时难以救出的存活者，应立下标记，要鼓励他们坚定意志、沉着冷静、减少消耗、等待救援。

C　通往瓦砾堆的作业

（1）充分利用瓦砾堆中已有空隙冒险爬入。
（2）在侧墙上凿开豁口，进入房间；对深埋瓦砾堆下的房间，有时需在外部地面开一竖井至相当深度后，再水平掘进至预订房间。
（3）伤员的坑道运送，常用方法有侧身、背负匍匐搬运，用搬运袋搬运等。

D 高空抢救

（1）健壮者可斜拉缆绳自行滑下或吊送。

（2）对老弱幼伤的，应使用缆绳与担架相结合的办法，或用梯子背下。

（3）充分利用楼板坍塌形成的斜面运送伤员。

3.5.1.5 抢救作业的安全保障

（1）救援人员必须随身穿戴和携带的防护用具主要有：安全帽、护目镜、防护服、靴子、手套、安全带、救生索和电工刀、钳子、手电筒等小型工具。

（2）长时间进行掘进和搬运作业时，应配备 10/60 min 氧气自救器；频繁进入有毒和火情环境时，还须装备正压压缩氧气呼吸器（RBA）。

（3）抢救作业时，须密切注意震情和破坏建筑、设施的进一步坍塌，必要时应使用木构件进行适当的加固、支撑，以保障作业安全。

3.5.2 医疗救护

3.5.2.1 三级救治网络的组建

第一级：现场抢救。大型企业以厂（中小企业以车间）卫生所为中心，组建以医护人员为骨干、培训合格的医疗救护队，负责震后本单位的现场抢救和伤员后送工作。

各车间组建以退伍军人为主的排险抢救小分队，协助抢救和后送工作。

第二级：早期救治。大型企业医院各门诊部（中小企业医院）转为医疗救护站，分区实施转入伤员的早期救治和后送任务；同时，派出若干抢救小组（每组2~3人），赴重灾区域协助抢救伤员。

第三级：专科救治。以大型企业医院（中小企业的地方医院）为医救中心，负责后送危重伤员的集中救治及后续的专科治疗，最大限度地减少死亡和伤残。

3.5.2.2 临震期的医救准备

（1）各级医疗机构立即就近（预定空地）开辟第二医疗救护场所，并做好人员、药品、器材设施的一切准备，组织无偿献血。

（2）紧急疏散住院伤病员，轻病号可视情况动员出院，重病号撤往临建防震病房。

3.5.2.3 震后救治

A 现场抢救

（1）分工包片，区域协作，发扬自救互救精神，努力减少伤亡。

（2）先挖后救，挖救结合，突出一个"快"字，做到寻找快、救护处理快、后送快。

B　早期救治

（1）定点救护与分散寻找相结合，以分散寻找为主；集中救治与分散救治相结合，以分散救治为主；留治与后送相结合，以后送为主。

（2）伤员多时，实行先救命、后治伤，先重伤、后轻伤和类似伤情下先易后难的原则。

（3）除轻伤和危重伤员外，其余伤员救治后应及时组织护送；对重伤员要严格掌握后送适应证，并派医护人员护送。

C　专科治疗

注意保持治疗的连续性，最大限度地减少死亡和伤残。

为保证应急、救灾工作的进行，在整个抢救过程中，应优先解困并抢救各级指挥机构的领导成员，其次是医务人员和青壮年。

3.6　消防与治安

3.6.1　地震消防

火灾是地震时最常见的一种次生灾害，而且造成的损失也最为严重。例如，1923年日本关东8.3级大地震时，东京在毁坏的50万所房屋中，有40万所被大火烧掉；在死亡的10万人中，烧死的就占了9万多人。因此，企业在重视厂区消防工作的同时，必须关注宿舍区的火灾扑救，以及疏散点的防火安全问题。

3.6.1.1　火灾扑救

A　临震准备

（1）各专职、义务消防队按预定布点集结待命，消防车驶离车库，做好一切战斗准备。

（2）检查各类消防设施，确保完好。

（3）教育群众撤离前切断煤气、电源，熄灭火种。

B　初期灭火

（1）火灾初起时，应立即组织群众自灭自救，严防火势蔓延。

（2）无法控制时应立即报警。

C 消防出动

（1）发生火灾，应调足消防力量和车辆、器材，力争一次性扑灭。

（2）多点火场时，应选择重点火场突击，其他火场采用控制防蔓战术，待重点火场扑灭后，再逐个进行扑救。

（3）火灾同期多发时，应首先向易燃房屋密集地区火场出动，防止火灾迅速蔓延。

（4）灭火作战应采用先控后灭的原则和分割包围、上下合击的战术。对企业重点防火部位，应预先制订周密的灭火预案（图、文）。

（5）灭火后应防死灰复燃，无法控制时，应请求外援。

D 火场救援

根据日本的资料，火灾死亡在震后 4 h 左右达到高峰，8 h 后仍有死亡。因此，这段时间在灭火的同时，应在医疗救护人员的配合下，不失时机地对火场遇险人员实施抢救。

3.6.1.2 消防安全

疏散点防震棚多为易燃材料搭建，烧饭、取暖极易酿成火灾。为此，疏散点要特别注意用火、用电安全。除配备消防器材、砂箱、火桶以备灭火外，要广泛向驻地群众宣传消防安全知识，制定防火公约；用火时要谨防火种蔓延，用火后要及时熄灭火种。

3.6.2 治安保卫

针对震时社会机能失控、罪案及骚乱事件增多的特点，企业治安保卫应加强以下几方面的工作，并组建相应的专职队伍。

3.6.2.1 区片治保

依据"平震结合"方针，企业应按治安责任区将厂区和宿舍区划分为若干个治保区片，并以公安派出所为主组建区片治保队。其职责任务是：

（1）协助群众疏散，维护辖区治安秩序。

（2）组织力量，守卫重点目标：重要动力运行房所、生产要害部门，财会室和重要物资仓库，档案、资料库，食品、饮料加工厂，重要机关办公地；并对分管检查站、承包点及重要地段设卡巡逻。

（3）掌握治安动向，控制可疑人员，查处一般刑事案件。

（4）应对突发事件，严打各种破坏活动。

（5）组织辖区内各单位保卫力量，确保治安秩序稳定和应急、救灾工作的顺利开展。

3.6.2.2　治安巡逻

由公安和经警组建武装巡逻队。其职责任务是：

（1）对厂区铁路、公路主要道口和居民疏散点实行武装巡逻。

（2）按设点部位和警力部署图，对重点保卫目标和厂区主要进出口实行定点守卫。

（3）随时处置重大治安事件。

3.6.2.3　机动应急

由公安刑警组建机动应急队。随时待命，处置重大突发事件；及时掌握内部治安动向，查处重大刑事案件，严打各种现行破坏活动。

3.6.3　交通管制

（1）对人员、车辆密集地段，及时进行安全疏通，杜绝堵塞发生。

（2）疏散交通时，原则上非机动车停让机动车，机动车停让机车，机车停让特种车辆（指挥车、消防车、抢险车、救护车等）。

（3）制作并发放特种车辆标志牌，并做好路标、警示牌的设置工作。

（4）对重要路段和主要道口，应实行交通管制，管制路段和道口，严禁无标志的车辆及人员通行。

指挥机构自临震预报或突发强震时起，应适时发布有关通告、通令或禁令，并做到统一指挥、以片为主、各自为战、相互配合，保证应急、救灾工作的顺利进行。

3.7　生活安置

3.7.1　生活物资的供应

3.7.1.1　生活物资的储备

A　人体对食品的需求

人体每天需补充的最少热量约为 2200 千卡，所需最少饮水约为 3 L。

考虑到震时副食品的匮乏，每人每天需粮食 600 g、食油 10 g；婴儿则需奶粉 150 g。

　　B　粮、油的储备

　　按储备 7～10 天的需求量，目前多数企业的粮、油库存只能满足极少部分。因此，将主要依靠家庭和地方政府的储备。

　　C　其他物资的储备

　　搭建防震棚所需的材料（毛竹、油毡、雨布、塑料膜和铅丝等）和帐篷、活动板房等，应根据最少需量（考虑生产储备）预做储备。
　　副食品、调味品和生活用品则依靠政府供应。

3.7.1.2　食品供应

　　震后早期，食品供应以即食品（面包、饼干、方便面等）和赶制的熟食品为主；要注意食品的保质期。
　　运输开通后，应尽早转为正常饮食供应。

3.7.1.3　生活物资的调集与求援

　　震后急需、应立即调集和求援的是维持生命的第一类物资，即水、食品、医药品和衣物等；主要通过震前防灾计划的有关合同关系，以及政府组织的救援来解决。
　　数日后，应调拨、供应生活维持的必需品，如食具、用具、小电器、洗涤剂等。
　　在接受捐助上，日本有如下经验：
　　（1）接受捐助物资，应请红十字会协助；
　　（2）个人捐助应尽量为现金，对希望捐助物资的提倡第三类物资；
　　（3）预先确定救援物资的运输路线、保管场所、作业人员、分配手续；
　　（4）做好灾区内外的信息传递，不需要的物资切莫送往灾区。

3.7.2　防震棚的搭建

　　（1）对指令疏散的职工家庭，应配发必要材料组织搭建防震棚。防震棚的形式应根据季节、疏散时间长短和备有的材料确定。
　　（2）防震棚的搭建应根据疏散场地进行统一规划，并不得沿街搭建，以免妨碍交通。
　　（3）防震期间往往会有大雨，故防震棚要避开低洼积水处、沟渠、涵洞和下水道口。
　　（4）防震棚的行间应留有足够通道，以利消防、卫生和供应工作的开展。

(5) 对临时办公用房、病房等，由安置部门负责搭建活动板房或帐篷解决。

3.7.3　卫生防疫

立即组织若干专业队伍，分工开展下列各项工作：

(1) 尸体处理。

1) 配合排险抢救工作，收容身份不明、无人认领及请求收容的尸体，并逐一验尸和登记，登记表上应注明尸体性别、身长、体貌特征、衣着及携带物品等，并尽可能拍照。

2) 对有犯罪致死嫌疑的尸体，须报公安部门处理；未经公安引渡，不予收容。

3) 尸体应尽可能火化，来不及火化时，应远离城镇和水源（5 km）深埋 2 m以下。

4) 尸体处理人员应注意卫生防护，并采取多组轮换作业，防止过度劳累和接触尸臭。

(2) 防疫防毒。

1) 发动群众，建立疫情报告网络。

2) 寻找和保护水源，加强饮水的水质检验；对浑浊或不符合饮用标准的水，要先进行净化然后进行消毒。

3) 大力杀灭蚊蝇、鼠害，普遍进行预防接种，防止传染病的暴发和流行。

4) 发现传染病患者，应及时隔离治疗，并对患者及可能出现传染病患者的地区进行重点消毒。发生疫情，特别是甲类传染病时，应立即封闭疫区，严防扩散和流行。

5) 密切监视有毒介质和放射线的泄漏，及时测定环境浓度和辐射量，划出警戒区域。

大震后，传染病流行造成大批人员伤亡屡见不鲜，因此，做好卫生防疫工作非常重要。

3.8　新闻宣传

3.8.1　应急宣传

应急宣传是带有动员性的防震减灾知识的宣传。主要在政府发布短临预报意见的地区和发生中、强地震的地区进行。其宣传内容主要是：

(1) 向群众讲明地震形势、发震背景，并随时通报震情信息；

(2) 宣传政府、企业的综合防御措施和有关部门的应急预案，动员职工、家属做好各方面的应急准备；

(3) 根据当地自然环境、气候特点和经济条件，有针对性地加强震时应急避震、防止次生灾害措施，以及震后自救互救等应急防震知识的宣传；

（4）宣传有关防震减灾、维护社会治安等方面的法律法规，保持社会的稳定；

（5）随时掌握社会舆论动向，及时平息地震谣传和误传，积极进行宣传引导。

地震预报意见发布后，要在宣传、地震部门统一协调下，依靠各有关部门的共同努力，开动一切宣传机器，突出防震减灾主题，进一步强化宣传的力度，认真开展防震减灾具体对策的宣传，切实提高广大群众的地震应变能力。

3.8.2　救灾宣传

救灾宣传是地震灾害发生以后的宣传，要在当地抗震救灾指挥部统一领导下进行，重点是稳定灾后人心，协助政府施行有效指挥。其宣传内容主要是：

（1）震后早期。

1）及时公布震情和震后趋势，解除人们的恐慌心理，稳定灾后的社会秩序；

2）及时转达党和政府以及全国人民对灾区的关怀、慰问和支援，鼓舞人们战胜地震灾害的勇气和信心；

3）针对实际灾情，宣传实施抗震救灾的指挥意图、应急对策和有关知识；

4）及时、准确、实事求是地报道灾情；

5）表彰抗震救灾中涌现的英雄人物和模范事迹。

（2）灾后恢复。

1）宣传党和政府关于"自力更生、艰苦奋斗、发展生产、重建家园"的救灾工作方针和有关政策；

2）介绍生产自救的门路、途径、措施和先进经验，表彰其中的先进人物和事迹；

3）激励人们振奋精神、恢复生产、重建家园、减少损失。

3.8.3　新闻管制

（1）有关地震预报、形势背景、震情信息和震后趋势的宣传、报道，必须经政府批准、按统一的口径进行。

（2）灾情报道，必须以有利于稳定灾区秩序和争取国际援助为前提。

（3）一般防震减灾知识的普及性宣传，应经防震部门审查、把关。

总之，防震减灾宣传是一项政策性、科学性很强的工作。各有关部门必须慎重对待，把握好分寸，严肃、认真地开展好这项工作。

3.8.4　谣传处理

所谓地震谣言，就是毫无事实根据、又以非正规途径进行社会传播的地震传闻。它不仅造成人们巨大的心理异常和恐慌，而且严重影响社会和经济活动的正常进行。许多事例表明，一场较大范围的地震谣（误）传所造成的损失，不亚于一次中强地震带来的灾难。因此，地震谣传也是一种灾害。

地震谣（误）传的直接成因是：各类自然现象的异常，有感地震的影响，对地震工作的误解，内部或个人预报意见的外泄，以及封建迷信活动等。其发生的内在原因有：恐震心理的存在、对地震灾害缺乏正确认识、对地震预报的水平和预报规定缺乏了解等。

识别地震谣言应掌握四点：

（1）凡有封建迷信色彩或离奇传说的为谣；

（2）凡传说是外国人测出来的为诈；

（3）凡传说震级很大或很准确，或发震时间、地点都很明确的多为虚；

（4）凡打着某专家或某地震机构旗号，不通过正常途径而由小道传播的为假。

由于地震谣（误）传的危害巨大，必须采取措施迅速平息。其措施主要有：

（1）迅速查明原因、传播途径和影响范围，搞清事实真相；

（2）广泛宣传群众，说明真实情况，必要时可请地震部门讲解和辟谣；

（3）谣（误）传期间，加强治安保卫和次生灾害防御工作，谨防违法犯罪活动；

（4）谣（误）传事件平息后，应及时总结经验教训，增强全体职工的防震减灾意识。

3.9　震害评估准备

3.9.1　震害评估

3.9.1.1　初评估与总评估

对严重和特大破坏性地震，震害评估分两步进行：

（1）初评估（快速评估）：其目的是速报灾情，合理组织人、财、物力，为制订紧急救援措施而提供科学依据。应在评估队伍进入现场后的5日内完成。

（2）总评估：震情基本稳定、宏观烈度划定后，对地震损失进行的全面评估。应在20日（严重）或30日（特大）内完成。

中等以下破坏性地震只做一次总评估，在震后的10日内完成。

3.9.1.2　地震损失计算

地震损失表示为下列折积形式：

地震损失＝地震危险×抗震能力×损失比×社会财富

地震危险：已发生的地震动参数；

抗震能力：通过震害调查取得的震害矩阵；

损失比：损失值与重置造价的比值；

社会财富：各类财产的总价值。

3.9.1.3　评估软件

为加强地震灾害损失评估工作管理，规范震灾评估方法和程序，统一评估标准，中国地震局自 1993 年以来先后编制了关于地震现场灾害损失评估工作的文件，如《地震现场工作大纲和技术指南》《地震灾害损失评估规定》等。经过几十年多次地震的实践经验，震害损失评估方法越来越合理完善，国家标准《地震现场工作第四部分：灾害直接损失评估》的颁布更是细致介绍了地震灾害损失评估工作内容和流程，大大提高了震害损失评估水平。此外中国地震局 1990 年制定的震害评估软件 EDEP 在 1993 年又进一步完善，编制了改进版本 EDEP—93。在其后常熟、共和、大同、普洱的几次地震中，该软件的评估结果与实际损失基本相符。近些年随着科技的进步，震害评估软件也不断发展，例如，地震应急快速评估与辅助决策系统[5]、地震灾害风险评估公共服务软件[6]、高分遥感震害评估软件[7]等。这些软件极大地提高了我国地震应急技术力量，在地震应急工作中发挥了重要作用。

3.9.2　调查分类及统计

震害评估是一项政府行为，它是震后抢险救灾、重建家园的重要依据。为配合进行这项工作，企业应在规定时限内，开展震害损失的初步调查。

根据震害评估的要求，调查的内容和分类如下。

3.9.2.1　人员伤亡

（1）死亡人数；

（2）重伤人数；

（3）轻伤人数；

（4）无家可归人数。

3.9.2.2　建筑物及其他工程结构破坏

（1）灾区建筑物结构类型；

（2）各类建筑物各破坏等级数量（平方米或间）；

（3）生命线工程类型和规模、其他各类工业构筑物、水工、土工、地下结构的类型和规模；

（4）重大工程设施的类型和规模；

（5）以上各类工程结构和设施的破坏等级和数量。

建（构）筑物地震破坏等级的划分，按《建（构）筑物地震破坏等级划分》（GB/T 24335—2009）。

3.9.2.3　经济损失

（1）工业与民用建筑破坏损失；

（2）室内财产损失值；

（3）室外财产损失值；

（4）各类生命线工程损失值；

（5）各类工业构筑物损失值；

（6）其他水土、土工、地下结构损失值；

（7）重大工程设施、大型企业的设施、设备损失值；

（8）其他直接经济损失值；

（9）地震直接经济损失总值；

（10）地震救灾直接投入费用；

（11）地震间接经济损失总值；

（12）地震总损失。

3.9.2.4　地面及其他破坏

未引起人员伤亡、经济损失的地质灾害、文物古迹等破坏现象描述。

3.9.3　调查程序及时限

震害损失的初步调查可由基层自查统计上报、企业汇总的方式进行。根据初评估完成时限（5日）的需要，各级调查材料上报的时限要求是：

（1）各单位震害情况的自查登记，应在主震后3日内报本单位指挥机构。

（2）各单位在核查震害并估算损失后的统计资料，应在主震后4日内报企业指挥机构。

（3）企业全部震害损失的统计汇总，经指挥长认可后，应于主震后5日内报进入现场的政府评估队伍。

4　震后恢复与重建

　　震后恢复，是指实施排险抢救措施告一段落且震情稳定后，组织开展的抢修复产和生活安置工作。其功能不同于企业正常的生产、生活组织，而是为了尽快恢复生产、经营和生活的基本秩序。

4.1　震害调查与总结

4.1.1　调查内容及分类

　　企业所辖厂区和职工住宅区均属震害调查的范围。

4.1.1.1　建（构）筑物

　　（1）工业建筑和构筑物；
　　（2）民用建筑和构筑物；
　　（3）公用设施及其他建筑、构筑物。

4.1.1.2　工业设备、设施

　　（1）工艺生产设备；
　　（2）生命线工程设施；
　　（3）辅助设备、设施。

4.1.1.3　库存物资

　　（1）原材料；
　　（2）设备及备品、配件；
　　（3）燃料及特种物资。

4.1.1.4　场地与次生灾害

　　（1）场地灾害，如液化、震陷、滑坡、形变、岩崩、地裂等；
　　（2）次生灾害，如火灾、爆炸、水灾、溢毒、放射性辐射等。

4.1.1.5　人员伤亡

　　分别统计死亡、重伤、轻伤人数，并按一次震害、次生灾害，职工、家属和因公伤亡等项目进行分类。

4.1.1.6　经济损失评估

（1）直接经济损失的分类评估和总评估；

（2）间接经济损失的估算。

4.1.1.7　小结及其他

4.1.2　调查程序

大型企业的震害调查，可按基层调查登记、逐级核查上报、厂矿分类统计、公司复核汇总的程序进行；中小企业可根据企业规模予以简化。

4.1.3　调查总结

在充分调查、核实的基础上编写震害调查总结报告。内容如下：

（1）地震参数。

（2）震害、损失的基本情况及分析。

（3）抗震救灾工作小结：

1）抗震救灾的组织和实施简况；

2）主要经验和教训。

（4）防震减灾工作的评价：

1）《防震减灾规划》和《破坏性地震应急条例》的实用性评价；

2）工程抗震设防与加固的可靠性评价；

3）职工、家属心理承受能力和应急应变能力的评价；

4）其他重要经验和教训。

（5）今后努力方向和整改建议。

4.2　生产恢复

4.2.1　组织领导

在震情基本稳定、抢险救灾取得阶段性成果后，抗震救灾指挥机构即应组织企业的生产恢复工作。根据生产、动力、自控系统及交通运输震害状况的全面调查，指挥机构应组织专家制定抢修和恢复生产的周密计划，并按"一次规划"、分步实施、先急后缓的原则，指挥各有关部门和单位协同会战。

4.2.2　抢修的原则

总的原则是将震害和生产损失降低至最低程度，尽快恢复正常的生产秩序。

（1）抢修恢复前，应首先排除次生灾害及各类险情，清理现场，确保抢修施工安全；尤其是对易燃、易爆、高温、高压及有毒的设备、设施和场所，一定要具体落实安全保障措施，严防发生意外人身伤亡事故。

（2）生命线工程是恢复生产的先决条件，必须首先恢复动力、通信和运输的正常运行。

（3）在工艺生产流程中，应首先抢修影响全局的重要设备和生产设施。

（4）对工艺生产线的修复工作，应先抢关键工序，后抢一般工序。

（5）对无依赖关系的设备，应根据先易后难的原则，先抢修破坏程度轻、较易修复的设备，以尽快恢复部分生产。

（6）施工力量和物资的调配，应在主要依靠工程所在单位的基础上，实行统筹安排和集中指挥的原则。

4.2.3　震后生产组织

企业应根据基本烈度和罕遇地震两种情况下的震害分析，制订出多套生产组织方案，并依据震后的实际灾情作出调整，灵活、有效地组织震后生产。

4.3　生活安置

4.3.1　居所安置

（1）损坏住宅的修复。

1）对所辖职工住宅的震损情况进行调查、登记，必要时组织专业人员进行技术鉴定，并提出修复或处理意见。

2）依据先易后难的原则，首先组织力量修复中等以下破坏的住宅。

3）对严重破坏的住宅实施排险措施，防止继发人员伤害和扩大损失。

（2）居所的安排。

1）对震后基本完好或轻微损坏的住宅，在稍事修理以确保安全后，应动员原住居民搬回居住。

2）对中等破坏的住宅，应组织抢修、加固，尽快修复，然后动员这部分居民搬回居住。

3）对住房倒塌或破坏严重、无法返回居住的职工家庭，应配给必要材料，搭建半永久性的简易棚屋，以解决较长时间的居住问题。

4.3.2　生活供应

（1）各类在岗职工的饮食，组织企业食堂负责供应。

（2）居民疏散点的职工、家属，组织各有关单位协助政府部门做好生活用品的调运、发放工作，特殊情况下，根据储备和调拨情况，按实际人数实行临时配给。

（3）组织运水工具定时向疏散点供应清洁饮水，并配给部分煤炉和燃煤。

（4）对无开火条件的疏散点，协同街道、居委会兴办临时食堂，或组织制作熟食品供应。

（5）组织力量，尽快恢复水、电、煤气的供应。

4.3.3　医疗卫生

从饮水、食品、个人、环境四个方面做好卫生工作。如：

（1）确保水源、水具不被污染，如水井建台挖沟、水具消毒加盖等。

（2）加强食品、食具的卫生监督、检查，严防食物中毒和肠道传染病的流行。

（3）根据季节特点，督促、指导疏散居民防暑、防寒，加强体育锻炼，提高防病能力。

（4）开展巡回医疗，及早发现传染病。

（5）组织群众开展环境清扫，及时清理粪便、垃圾。临时厕所要做到坑深、口窄、加盖，并在四周挖出排水沟，垃圾、污水要挖坑倒放。

（6）疏散地要设专人负责卫生管理，订立必要的卫生公约。

4.3.4　其他安置工作

（1）对奋战抗震和生产一线，以及死亡或重伤职工的无自理能力的子女和亲属，当无人照看时，组织幼儿园和部分学校分区妥善安置，提供食宿；或动员其他职工家庭发扬互助友爱精神，代为照顾。

（2）发动疏散点职工、家属联防互助，开展治安巡逻，做好防火、防盗和防破坏工作。

（3）区别因公震亡和一般震亡，做好死难者亲属的抚恤工作。

（4）加强思想宣传工作，鼓舞战胜地震灾害的信心和勇气，保持社会的稳定。

（5）做好企管学校、幼儿园的复学工作。

（6）配合保险公司做好理赔工作。

5 管 理 案 例

5.1 某企业抗震救灾总指挥部及下设机构的主要职责

5.1.1 总指挥部

（1）根据预报或震害果断决定生产和避震方式，并发布有关指令；

（2）根据"预案"，研究、部署并组织指挥地震应急、抗震救灾及震后恢复工作；

（3）随时掌握震情、灾情及发展趋势，作出相应决策，指令各分指挥部组织实施；

（4）审定、签发震情、灾情报告。

5.1.2 下设机构

5.1.2.1 抗震救灾办公室

A 秘书组

（1）负责总指挥部的文秘工作和各分指挥部间的协调、联络工作；

（2）在有、无线通信均中断时，以运动通信方式传达总指挥部对下属单位的指令；

（3）负责对外来救援人员的接待和生活安排。

B 地震工作组

（1）负责与地震、抗震部门的对外联络；

（2）震前加强地震态势的跟踪，震后及时掌握震情、灾情及其发展趋势，并随时向总指挥部报告，为总指挥部的决策和指挥提供参谋意见；

（3）组织震害调查，负责统计、上报工作，协助有关部门做好震害评估工作。

C 政工宣传组

（1）有针对性地开展应急、救灾宣传，使广大职工、家属进一步掌握避震、应变方法，增强战胜地震灾害的信心；

（2）及时平息谣传，稳定民心，稳定社会；

（3）编辑、出版抗震救灾简报，负责处理有关新闻报道，表彰英雄模范事迹和好人好事。

D　有线通信组

（1）维护并及时抢修通信设施和线路，确保抗震救灾指挥系统及对外联络的畅通；

（2）必要时，在严守保密规定的前提下，实行通话监控制度。

E　无线通信组

（1）立即开通抗震救灾无线通信网络，并实现全系统无线通信联网；

（2）启用备用通信设施，并将通信指挥车开至指定位置，确保震时无线通信畅通。

5.1.2.2　生产安全分指挥部

A　生产指挥组

（1）按总指挥部决定的生产方式和预定的应急措施指挥生产和保护设备；

（2）不停产时，抓紧时机组织开展应急措施，做好临震准备工作，保持戒备生产秩序；

（3）停产或部分停产时，协助避震疏散组做好守岗避震和停产职工的疏散指挥工作；

（4）在组织生产调度的同时，协助各分指挥部做好地震应急和抗震救灾的各类调度工作。

B　交通运输组

（1）临震时，组织检查、维修各类交通设施，做好抢修的各项准备工作；

（2）震后及时抢修破坏的铁路、公路和桥涵，并制订绕行路线，及时通报各有关部门；

（3）保证总指挥部指挥用车，并接受其调遣，执行抗震救灾和生产系统的各类运输任务。

C　安全保障组

（1）临震时，加强对次生灾害源安全措施的督促检查，巡查避震防护设施的安全可靠程度，做好地震应急、抗震救灾各项工作的安全保障工作；

（2）震后赶赴震害现场，负责排险、抢救和抢修中的安全技术工作；

（3）提出有效方法及时制止次生灾害，严防灾害扩大和续发。

D 生产物资组

（1）不停产时，确保生产资料的货源、储备和供应；停产时掌握一定储备量，随时准备恢复生产物资供应；

（2）加强原材料和生产物资的看守和保管，防止盗窃和哄抢。

5.1.2.3 设备抢修分指挥部

A 工程检查组

（1）震后按资产管辖范围，组织对工、民用建筑，生命线工程，工业设备和特种设施开展调查，确定其受损程度，并制订排险抢修方案和计划；

（2）提出必要的防强余震工程应急措施，防止扩大破坏和损失。

B 设备抢修组

（1）临震时，协同生产指挥组做好设备的保护工作，组织有关部门做好抢修的准备工作；

（2）震后根据总指挥部命令，组织力量按预定方案实施设备、建筑的排险抢修工作。

C 动力抢险组

（1）临震时，会同安全保障组督促检查动力设施应急措施和守岗避震防护措施的落实，组织各动力专业抢险队做好一切准备，进入临震戒备状态；

（2）根据生产指令和抗震救灾需要，随时做好动力平衡和调度工作；

（3）当煤气、氧气、水、电等设施发生破坏引发次生灾害或大量泄漏时，立即组织、指挥专业抢险队在消防安全组和安全保障组的配合下，实施排险、抢修和救灾工作。

D 物资供应组

（1）临震时，检查并掌握物资储备情况，震后确保设备抢修的各类物资供应；

（2）按总指挥部命令，向各分指挥部提供抗震救灾需用的材料、工具、设备和油料；

（3）加强各类物资的看守和保管，防止盗窃和哄抢。

5.1.2.4　治安保卫分指挥部

A　治安保卫组

（1）加强要害部位、重点目标的守卫，组织对重要地段、重点工程和检查站的武装巡逻；

（2）维护社会秩序，应对突发事件，处置各类治安事件；

（3）查处各类刑事案件，打击各种现行破坏活动。

B　交通管理组

（1）负责厂区人、车密集路段和主要道口的秩序维护，指挥受阻道路的疏通；

（2）实施临时性交通管制，确保抗震救灾和生产运输的道路通畅。

C　消防安全组

（1）临震时，指挥各专职和机动消防队到指定地点集结待命，并做好一切战斗准备；

（2）震时发生火灾、爆炸事故后，迅速调集力量奔赴火场，按灭火预案实施扑救；

（3）配合动力抢险组开展工作。

5.1.2.5　医疗抢救分指挥部

A　排险抢救组

（1）临震时，各排险抢救梯队和建筑专业抢险队立即准备好排险抢救工、机具集结待命；

（2）震后，按指挥部命令迅速开赴分工区域，在医疗救护组配合下，抢救被埋压人员；

（3）协助医疗救护组的医疗救护工作。

B　医疗救护组

（1）临震时，各级医救机构立即在附近空地开辟第二医救场所，并做好一切准备；

（2）震后，一、二级医救组织在管辖区域内，立即开展伤员搜寻、现场救护和后送工作；

（3）医救中心按预定抢救编组，负责伤亡人员的抢救、手术、治疗和处置工作。

C 卫生防疫组

（1）临震时，卫生防疫网立即按分工开展各项准备工作；

（2）震后，立即实施环境和水源的监测、保护工作，并加强食品和饮水的检验；

（3）做好临时集居场所和周围环境的消毒、防疫工作，严防瘟疫、传染病的发生和流行；

（4）协同医疗救护组、排险抢救组迅速处置死亡人员和动物尸体。

5.1.2.6 生活后勤分指挥部

A 避震疏散组

（1）根据指挥部命令，指挥厂区、机关职工和学校、幼儿园人员的避震疏散工作；

（2）协助街道、居委会实施企业集居民众的避震疏散措施。

B 生活供应组

（1）震后立即与地方供应部门联络，确保粮油及其他生活物资的供应；

（2）抓紧干粮制作，严格粮油的储藏和保管，严禁冒领私分，严防盗窃哄抢；

（3）协同地方有关部门做好粮油、生活物资的供应和发放工作，会同安置工作组确保生活用水的供应或配给；

（4）为抗震救灾指挥、抢险人员和其他守岗职工安排临时食宿。

C 安置工作组

（1）抗震救灾指挥、工作机构简易办公用房的搭建及临时水、电供应工作；

（2）做好疏散场地临时居所的规划工作，配发防震棚搭建材料，铺设水、电临时管线，或用消防、洒水车配给供水；

（3）配合有关部门做好居民集居地的卫生防疫和消防安全工作。

D 保教服务组

对奋战抗震和生产一线，以及重伤和死亡职工的无自理能力的子女和亲属，当无人照看时，组织幼儿园和部分学校提供食宿，并妥善安置。

5.2　某钢铁企业有关部门的专业"预案"内容

5.2.1　企业生产调度方案

企业生产调度方案应以可能发生地震级别的大小分别制订，需考虑震情灾情，企业设备抗震能力、运输原料供应、动力供应等诸多因素。

预案所制订的生产调度方案，作为震时到恢复震前生产水平这一时段企业的生产目标，震后，待高层次的决策下达后，对已有的生产调度方案作出局部修订再付诸实施。震时，生产调度方案应与部、省、市领导部门的应急预案相呼应，要满足上级领导部门的宏观要求，同时应与其他有关部门预案相协调，以使本企业的预案切实可行，有操作性。

制订企业生产调度方案一定要慎重、细致，尤其是对外部供应条件的考虑要适度，要有多种解决方案来保障震时生产调度方案的实现。因为方案表现出企业全体职工的一种抗震精神，同时又表现出一个企业在灾害面前的自我恢复能力。

5.2.2　企业动力系统应急预案

企业的动力系统，也就是平时所讲的生命线工程系统。它包括企业的运输、通信、供水、排水、供电、供气、输油等工程。

上述每一项工程都是由若干作用不同的部分所组成，系统中各部分相互联系，相互制约组合起来发挥作用，进而形成一种生产功能。动力系统是企业生产的基础，它的功能的发挥，保证了企业生产的运行和发展。对企业的生产和职工生活都起着十分重要的保障作用。

动力系统的作用虽然重要，但由于系统本身"线长点多"极易受地震力的破坏。同时其本身功能是供电、供气、供油，所以绝大部分在遭到地震破坏后，就成了二次灾害的危险源地。因此，对于动力系统的应急预案内容包括：供电系统的不停电措施，对高炉、焦炉、平炉及加热炉的不停水措施；防止次生灾害发生措施；防止次生灾害扩大的措施；各种专业抢修队伍的组建及抢险抢修的实施等。对于一次地震来讲，虽然我们不能制止因地震而引起的各种破坏，但我们要全力防止因停电、停水而引发的火灾、爆炸及烧坏重要设施事件的发生。这是冶金行业生产特点所决定的，因为发生火灾、爆炸、烧坏重要设施而造成的经济损失，可能会大大超过地震直接摧毁的建、构筑物和设备本身的价值。如果没有预案，在小震的情况下，冶金企业就可能出现上述情况，这种损失往往是领导和群众所不允许和不能接受的。最起码要防止这种"小震大损失"情况的出现。平时动力系统的调度运行及对事故处理的管理非常严密。预案就是应用上述管理把受地震破坏的系统尽快恢复起来，并为设备正常运转创造及时的实施条件。动力系统的预案，一定要做得细致，应具有可操作性，否则"小震大损失"的现象就会发生，动力系统的应急预案是冶金企业应急预案的核心。地震时如果动力系统不出现大的事故，则企业的抗震救灾就取得了50%的胜利。

5.2.3 企业工程预案

抢修预案、消防预案、医疗卫生预案、后勤生活预案、治安保卫预案、交通指挥预案、宣传教育预案、房产修复预案应分别制订，制订的原则是"立足自身，全力救灾"。如果本企业的力量达不到"及时、快速"要求的话，那就要考虑本地区的综合救灾能力。比如消防、医疗预案，对于一般企业来讲，都应当考虑市一级消防队及本地区医院的消防及救护能力。

5.2.4 通信预案

企业的通信系统一定要为企业的地震应急工作提供通信保障，保证应急指挥调度的顺利实施。企业内部之间、企业与外界通信联络的畅通，是应急工作高效、有序的重要条件。为此，通信预案应包括下列内容：为防止通信设备在震时超负荷、出现堵塞现象，要采取在地震后的头20分钟内，企业内部一切非抗震指挥、非应急调度的电话暂不通话的措施；通信备用电源及时运转的措施；机房通信设施抢修小组的组建；外部通信线路抢修队伍的组建；备用设备启用的实施措施等。通信联络的畅通对冶金企业来讲，是防止重要设施烧坏，防止次生灾害发生或扩大的重要手段。是实现企业在震时不断电、不断水的重要保障。

5.2.5 企业灾害评估准备

企业灾害评估准备是指在破坏性地震发生后，进行企业灾害损失快速评估工作。向抗震救灾指挥部及时提供灾情信息，以便据此作出应急抢险部署和高层次决策。尤其在大型冶金企业的应急预案中，是不可缺少的内容。

企业灾害评估准备工作文件，应以可能发生地震级别的大小，分别制订。其内容包括：企业所在地区地震危险性分析；灾害评估队伍的组建；灾害评估基础资料的准备；灾害评估技术人员的技术培训；灾害评估模型的建立等。

参 考 文 献

［1］应急管理部、中国地震局印发.“十四五”国家防震减灾规划［R］. 2022-04-07.

［2］杨勋普. 淮南市防震减灾计算机信息管理系统的开发实现［J］. 电脑知识与技术，2010，6（31）：8781-8783.

［3］王伊琳. 中国地震保险业务发展回顾［J］. 上海保险，2011（9）：17-19.

［4］彭远汉. 国外地震保险制度比较及借鉴［J］. 金融与经济，2008（6）：7-10.

［5］魏美璇. 地震灾害预评估软件应用的研究［D］. 长春：吉林大学，2018.

［6］郭红梅. 地震灾害风险评估公共服务软件 V1.0［R］. 四川省，四川省地震局减灾救助研究所，2020-03-05.

［7］窦爱霞，高分遥感震害评估软件 V1.0［R］. 北京市，中国地震局地震预测研究所，2015-12-31.

技术篇
JISHUPIAN

6　工业建筑的震害与抗震对策

6.1　工业建筑震害

通过对都江堰市、江油市、大邑县、绵竹市等地在汶川地震后的部分工业建筑调查，分析总结了建筑震害特点，以期在重建恢复中借鉴利用。

6.1.1　工业厂房震害

6.1.1.1　屋盖

汉旺某综合仓库为新建 24 m 的 3 连跨厂房，该厂房与相邻厂房纵横跨交会，相邻厂房高于该厂房 4～5 m，地震发生后，相邻厂房上部墙体甩落后，砸在该厂房屋面上，厂房在端部无山墙，端部开敞，横向刚度差，地震作用下，墙体砸击和本身侧向变形，致使钢屋架杆件失稳破坏而坍塌。

汉旺某加工车间厂房屋盖系统整体刚度不足，支撑体系不够完善，在地震作用下，屋架侧向变形较大，屋架端部支座位于柱顶的预埋件与预埋钢筋焊接较差，造成连接不足从而使屋架从柱顶塌落。

汉旺某厂房为 2 跨单层厂房，大型屋面板与屋架一般要求三点焊接，但施工没有焊接，特别是在端跨，屋面板只有两个角点在屋架上，另外两个角的预埋件不在屋架位置，也未做到焊接连接。因此整个屋面板几近浮搁在屋架上，地震后造成端跨屋面板从屋架上掉落。

江油某钢厂的冷拔车间高低跨厂房，钢筋混凝土屋架大型屋面板屋盖，由于高跨顶部围护墙的破坏倒塌，造成低跨 6 个柱距的屋面全部坍塌，损失相当严重。

某带钢厂厂房，钢筋混凝土屋架，屋面混凝土梁，上铺石棉瓦屋面，出屋面天窗架整体刚度不足而坍塌，砸击屋面造成大面积的屋盖塌落。

大邑县某电器厂厂房，木屋架上铺瓦屋面，浮放的屋面瓦在地震作用下大面积塌落，砸坏支撑构件及内部的机器设备。

天窗架的震害主要是天窗架立柱根部水平开裂、折断，支撑杆件压屈失稳导致天窗架倾斜甚至倒塌。主要是由于天窗架刚度远低于下部主体结构，地震作用下将产生"鞭梢效应"，放大动力响应。

屋架的震害主要包括屋架端头混凝土酥裂掉角，屋面板的支墩折断，上弦杆受剪断裂等。主要是由于该部分地震剪力较为集中。

6.1.1.2　柱的震害

柱的震害主要包括：屋架与柱顶连接破坏、上柱截面破坏、牛腿附近变截面处破坏（特别是上柱底折断破坏和下柱柱底破坏）、双肢柱下柱身破坏、双肢柱高大山墙抗风柱折断等。

6.1.1.3　顶部围护墙、封墙、山墙尖甩落破坏

工业厂房砖围护墙的塌落破坏较为普遍，而且大多发生在围护墙的顶部，上柱柱顶以上部分，其中高低跨封墙的破坏危害很大。历次地震震害均表明，工业厂房的砖围护墙在地震作用下都遭到大量破坏，特别是山墙和侧墙顶部破坏和倒塌更加严重。

在对绵竹市、江油市等地厂房震害调查中，普遍发现柱顶以上围护墙体甩落，其原因之一就是在柱顶以上墙与屋架端部基本无连接或连接较弱。另外，由于柱距或屋架间距 6 m 或更大，无拉结措施的围护墙较长，中间没有构造柱，柱为延性构件，变形较大，在高烈度的地震作用下，围护墙受力和变形也是非常大的，拉结不足就会引起整个柱顶以上围护墙塌落。

有些未塌落的围护墙，也大多在柱顶以上截面水平开裂剪坏。顶部窗间墙和围护墙体呈"X"形开裂破坏。

砌体结构砂浆的等级不符合设计要求也是重要原因之一，调查的房屋很多不能完全达到设计砂浆强度，而砂浆强度又是保证砌体结构抗震能力的重要指标。

墙体甩落除造成人员伤亡外，还会造成设备损坏、相邻厂房被砸导致垮塌等。因此，厂房围护墙体应在设计中采用轻质墙板。如必须用砌体围护结构，应在原有规范基础上加强连接构造措施，设置拉筋、水平系梁、圈梁、构造柱与主体结构可靠拉结，或采用墙柱之间的柔性连接以适应较大的地震变形。

6.1.1.4　柱间支撑的破坏

柱间支撑是厂房纵向的主要受力构件，对保证厂房建筑的整体性有重要作用。历次地震中，在 8 度以上地区，支撑就可能发生破坏，主要包括斜杆压曲、斜杆拉断、节点拉脱等。本次地震中，东汽的三个厂房均发现支撑破坏，且三种破坏形式均存在。

其主要原因是：（1）厂房比较高，高烈度区纵向地震力较大，而支撑杆件截面小，长细比大，造成支撑杆件失稳破坏。（2）支撑杆件连接较差，焊缝脱

开，本来搭接焊接就存在偏心问题，焊缝质量就更减弱了支撑杆件的抗拉压能力。（3）支撑杆的预埋件因平时受力小，设计施工中常常得不到重视，地震作用时预埋件拉脱会使支撑系统失效。

因此对地震设防高烈度的厂房，支撑布置要符合规范要求，支撑截面应适当加大，长细比控制应更严格一些，成本增加很少，但却对结构抗震很有效。另外焊缝质量应切实得到保证。

6.1.1.5 砖柱厂房墙体及砖柱水平裂缝

由于在唐山地震中大量砖柱厂房倒塌，因此，新建砖柱厂房已逐步减少。汶川地震后，在成都大邑县调查了两座砖柱厂房，一座为 2 层砖柱厂房；另一座为单层砖柱厂房。前者遭受了严重损坏，主体结构侧向变形过大，需拆除；后者屋面为瓦屋面，砖柱排架厂房抗变形能力差，地震时易发生脆性破坏，因此，7 度及以上地震区应慎用或禁用砌体结构厂房。

6.1.1.6 防震缝两侧结构的破损

防震缝两侧结构的破损一般发生在墙的上部，表现为檐口处砌体被挤碎、掉砖；有时也发生在中间部位，伸缩缝两侧墙体局部脱落露出混凝土柱。这种现象主要是由于在水平地震力作用下，伸缩缝两侧砖墙发生互相碰撞和错动所引起的。地震时，多层钢筋混凝土框架常与毗邻砖房屋发生碰撞，造成建筑物局部破损。产生上述震害的原因是多层框架结构地震时摆动的振幅较大，频率较低，而毗邻砖房的振幅较小，频率较高，两者的动力反应有所不同，因而互相碰撞。有些情况，虽然设置了足够宽度的防震缝，但由于装饰结构连成一体而且没有采取相应措施，因装饰面破坏引起砸伤破坏、伤亡事故。

6.1.1.7 地基破坏

部分工业厂房在设计时未考虑地基土在地震作用下的液化危害，基础设计时未考虑抗液化处理措施，导致在地震中基础发生不均匀沉降，引起排架柱倾斜，吊车梁移位及吊车不能运行等震害现象发生。

6.1.2 构筑物的震害

6.1.2.1 烟囱震害

烟囱的震害，主要是水平剪坏。如某厂的砖烟囱，在烟囱的上下各 1/3 处水平错动剪坏。绵竹某玻璃厂烟囱是无筋砖砌体，50 m 高，烟囱顶部的 10 m 塌落到地面。砖烟囱震害很普遍，但钢筋混凝土烟囱震害较少。根据包头地震经验，竖向和环向笼式加固比纯环箍加固效果好。

6.1.2.2 水塔

水塔，即使是砖支筒式水塔，震害也相对烟囱轻一些，主要因为水塔设计常规荷载较大，且水塔高度比较矮。

6.1.2.3 冷却塔

在大邑县的两个钢筋混凝土双曲线冷却塔，未发现明显破坏。历次震害调查也表明冷却塔的结构形式具有较好的抗震性能，唐山地震中 10 度区震害也都是地基变形引起的整体倾斜和附属构件连接破坏等。

6.1.2.4 地下管道

江油某厂地下管道承插式接头断裂漏水。

6.1.3 地质灾害造成的震害

汶川地震震区大多位于山区，因此山体多处产生滑坡，所产生的震害有：

（1）滑坡对于建筑物的直接影响就是引起地基变形，部分厂房变形倾斜、错位、设备基础变形，造成停产。

（2）滑坡造成的泥石流砸伤厂房结构，位于江油的某研究所厂房，被滚落的巨大山石砸坏。

（3）位于汶川地震震中约 300 km 的汉中略阳县尾矿坝溃决，是低烈度区上游法筑坝的尾矿坝发生垮坝破坏的典型事例。

6.2 工业建筑抗震的必要性

工业厂房是工业发展的港湾与基石，最早出现在英国，我国 19 世纪初的工业厂房大都是国外设计师设计的，20 世纪中叶的工业厂房多是参考苏联的相关规范，但要求并不严格。我国目前在役工业厂房面积已超过 120 亿平方米，有相当一部分是在 20 世纪 80 ~ 90 年代建成的。随着建筑材料领域的发展，近年来西方国家的工业厂房有 30% ~ 70% 采用了以压型钢板为主的钢结构，我国的新建厂房也大都采用钢结构，但由于建造成本、装配能力较差等原因，目前我国的在役工业厂房依然以钢筋混凝土排架结构为主，因此其结构的安全性能具有较高的研究价值。

一方面，由于生产规模和工艺流程的限制，工业建筑的选址一般难以避开地震断裂带、滑坡区、液化区等不利地段甚至危险地段；由于使用功能差异显著，工业建筑的设计基准难以完全统一；使用环境复杂，大多数工业建筑长期遭受高温、高湿、粉尘、腐蚀、疲劳、振动、地震、风、雪等多种不利作用耦合影响，作用效应评估的难度非常大；由于工业建筑种类繁多、生产工艺复杂，且多属于特别不规则结构，与同等规模的民用建筑相比，其抗震性能要差得多。另一方面，作为工业安全生产重要保障的工业建筑，一旦遭受地震破坏，直接和间接经济损失巨大，社会影响严重。

我国位于欧亚地震带和环太平洋地震带交界处，是世界上地壳活动最频繁、地震灾害最高发的国家之一，全国约45%的城市抗震设防烈度在7度以上。我国的工业厂房主要分布在东部沿海及部分西部地区，这些地区大多位于地震带上，若发生地震，将造成大量的生命财产损失。如在汶川地震中，许多钢筋混凝土排架柱厂房破坏严重，甚至整体倾覆，厂房内仅一台大型机床的价值就达十几万甚至上百万人民币，而地震中有上千台仪器设备遭到破坏，同时厂房内的工人在大重量设备仪器的倾覆之时也往往避之不及，后果不堪设想。因此，提升工业建筑抗震能力是很有必要的。

6.3　建筑抗震鉴定和加固的依据

目前，我国20世纪50～60年代的建筑已超过50年的设计使用年限，20世纪70～80年代的建筑也已逐渐无法满足日益增长的生活生产需要，这已成为我国城市化、工业化进程中亟需解决的问题。实践经验表明，通过对既有建筑进行抗震鉴定及改造加固，可有效提升建筑使用功能、延长使用年限、减轻地震灾害损失并获得良好经济效益。《建筑抗震鉴定标准》（GB 50023—2009）是目前我国建筑抗震鉴定依据的主要标准，适用于抗震设防烈度为6～9度地区的现有建筑抗震鉴定；此外，《构筑物抗震鉴定标准》（GB 50117—2014）适用于抗震设防烈度为6～9度地区的现有构筑物的抗震鉴定。

《建筑抗震加固技术规程》（JGJ 116—2009）为与《建筑抗震鉴定标准》（GB 50023—2009）配套使用的工程建设强制标准，内容与鉴定标准相协调，包括现有建筑抗震加固的后续使用年限、抗震加固的设防标准、加固后的结构综合抗震能力计算等。此外，《既有建筑鉴定与加固通用规范》（GB 55021—2021）是抗震鉴定与加固中必须执行的全文强制性规范。

6.4　隔震和消能减震技术

6.4.1　工程结构隔震减震技术概述

在所有的振动中，地震产生的振动无论从力度、能量、破坏、灾害诸方面来说是最严重的，所以工程结构抗震设计的目的是减轻结构的地震破坏，避免人员伤亡，减少经济损失，同时在地震时使紧急活动得以维持和运行。一般来说，单体结构的工程控制可以归结为以结构设计规范为代表的结构抗震设计方法和以近年来研究与应用的结构减震、隔震技术为特点的主、被动结构控制理论与方法。

而后者所述的这种新型结构抗震原理就是通过减震、隔震技术减少和削弱传递到上部结构的地震能，特别是地震力峰值，以减轻结构的破坏，控制地震所带来的灾害。

国内外近几年的大地震经验证实，建筑隔震与减震消能对减少结构地震反应、减轻建筑结构的地震破坏、保证建筑的使用功能是非常有效的。《建筑抗震设计规范》（GB 50011—2010）也对隔震减震设计做了相应的规定，为该技术的应用提供了技术基础。

根据有关资料分析，工程结构隔震减震技术与传统结构抗震技术比较有如下特点：

（1）不同的耐震途径和方法。传统抗震技术是沿用"硬抗"的途径，即采用加强结构，加粗构件断面，加多构件配筋，提高结构刚度等方法来抵抗地震。因而这很不经济，并且结构刚度越大，地震作用越大，恶性循环，最终是既不经济，也不一定安全。而减震控制技术则是采用隔震、消能、调整结构动力特性等方法，达到隔离地震或消减地震反应的目的，既能有效减震，较为安全，也较为经济。

（2）不同的设计依据。传统抗震设计方法是按照预定的"烈度"限定结构的抗震能力。当实际地震超过预定"烈度"时（中外破坏性大地震超过预定烈度的甚多），结构就处于不安全状态。而结构减震控制设计则是根据地区的场地动力特性和结构物的特性，采用不同的隔震、消能、减震控制技术，考虑在该地区可能产生的突发性超烈度大地震的情况下，结构的地震反应仍被控制在安全的范围内，确保结构物以及结构中的人、设备、仪器的安全和正常使用环境。所以，结构减震技术比传统抗震技术更为安全。

传统结构抗震技术只考虑结构本身的抗震能力，而未考虑结构中的设备、仪器、装修等的防护要求。结构减震控制则可根据结构物本身安全要求及内部设备、仪器、装修的不同要求进行隔震、消能或减震控制，既保护结构本身的安全，也保护结构内部的设备、仪器、装修及正常使用环境。故它更符合现代社会对地震防护越来越高的要求。

按传统抗震技术设计的工程结构物，主要靠结构本身提供抗震能力。对于某一些耐震能力不足的已有工程结构物（如超高层建筑），如果结构本身耐震能力不足，则难以采用"加强"的方法来弥补。而结构减震控制技术不靠结构本身抗震，而是通过增设某些装置进行隔震、消能或减震。所以它不仅适用于新设计的工程结构物，也适用于对耐震性能不足的工程结构物进行改良、加固，使其满足耐震（或抗风）要求。

由于结构减震控制技术有上述特点，对比传统抗震技术，它具有安全可靠、有效减震（抗风）等优越性。

根据振动台或实际地震记录，减震控制结构的地震反应与传统抗震结构的地震反应的比值为：

隔震结构	8%～25%
消能结构	30%～60%
TMD 被动控制结构	30%～60%
主动控制结构	10%～50%

（3）使建筑结构设计不受太多限制。由于采用隔震、消能、减震控制装置，结构本身所受的地震作用大大减少，因而可以突破传统结构对结构设计的某些严格限制（如要求体形规则、对称、刚度均匀，刚心质心重合，限制层数、高度、跨度等），可以按照建筑结构的功能要求，做成非规则结构、大跨度结构、超高层抗震抗风结构等，使建筑师从"抗震"限制中解放出来，较自由地对建筑物或结构物进行建筑设计，而其耐震能力通过"减震控制"装置加以保证。

（4）适应范围广。既适用于新设计的工程结构，也适用于已有工程结构的耐震、抗风性能的改善；既适用于量大面广的一般建筑结构、住宅建筑，也适用于地震时要求保证绝对安全的重要工程结构（如核电站工程结构）可能产生放射性物质、剧毒物质泄漏或剧毒气体扩散、爆炸及其他有重大政治、经济、社会影响的建筑物、结构物、超高层建筑、大跨度桥梁、城市生命线工程（铁路干线、大型车站、交通枢纽、机场、港口、粮食加工厂、医院、急救中心、消防中心、应急指挥中心、供电、供水、供气、通信广播电视系统等）的工程结构物、卫星地面站、海洋平台等；既适用于工程结构减震，也适用于设备、仪器、环境振动的减震。

（5）经济，节省工程造价。减震控制结构虽然增设某些装置（隔震垫、消能机构、控制子结构等），但主体结构所承受的地震作用大大减小，故可减少构件断面，减少构件配筋，扩大跨度，增加高度等，结构物的总造价反而节省。根据某些已建结构的结算，减震控制结构与传统抗震结构的工程造价相对比，节省造价如下：

隔震结构	3%～20%
消能减震结构	3%～10%
被动或主动控制结构	5%～50%

（6）检测修复方便。由于结构减震控制是通过外设装置而不是通过结构本身达到耐震要求的，故对其耐震性能的检测修复也只限于外设装置。这比检测或修复结构物本身要快捷方便得多。它能确保地震后的快速修复，这对地震后尽快恢复正常生产和生活具有十分重大的意义。

6.4.2 工程结构隔震减震技术原理

6.4.2.1 工程结构隔震原理

隔震是在结构物地面以上部分的底部（对于桥梁工程是在桥梁支承部位）

设置隔震层，使之与固结于地基中的基础顶面（桥墩顶面）分开，限制地震动向上部结构的传递。

首先需要了解在动力作用下，物体的运动方程及其振动反应。这里以单自由度为例（图 6-1）。

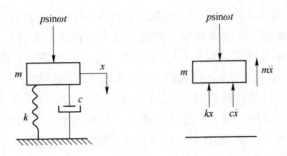

图 6-1　单自由度系统

利用达朗贝尔原理，即将动力平衡问题视为静力平衡问题，由此得：

$$m\ddot{x} + c\dot{x} + kx = p\sin\omega t \tag{6-1}$$

式中，m 为质量；c 为阻尼系数；k 为刚度；p 为作用力的幅值；ω 为作用力的频率；t 为时间。

方程（6-1），因为有外力，所以属强迫振动，因为有阻尼系数，所以为阻尼振动，因为弹性反力 kx 与变位 x 呈线性关系，所以称为线性振动（如 $p=0$，则称为自由振动）。

方程（6-1）的解为：

$$x = \frac{p}{k}\beta\cos(\omega t - \theta) \tag{6-2}$$

式中，β 为动力放大系数；θ 为相位角，即变位与扰力之间永远不会在同一方向上。

$$\beta = \frac{1}{\sqrt{\left(1 - \dfrac{\omega^2}{f^2}\right)^2 + 4D^2\dfrac{\omega^2}{f^2}}} \tag{6-3}$$

式中，f 为自振频率。

$$f = \sqrt{\frac{k}{m}} \tag{6-4}$$

式中，D 为阻尼比，$D = \dfrac{c}{2\sqrt{km}}$。

θ 角的变化规律如图 6-2 所示。

下面对振动反应进行讨论。

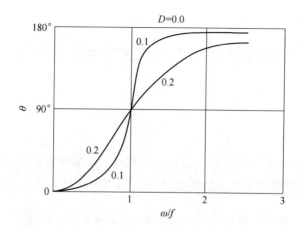

图6-2 θ角的变化规律

通过式（6-2）、式（6-3）可以形成许多概念，可以解决许多工程问题。由式可知，当不计阻尼时，动力系数变为：

$$\beta = \cfrac{1}{1 - \cfrac{\omega^2}{f^2}} \qquad\qquad (6\text{-}5)$$

由表6-1可知：

当$\cfrac{\omega}{f} < 1.0$时，$\beta > 1.0$，即永远放大；

当$\cfrac{\omega}{f} > 1.414$时，$\beta < 1.0$，即永远缩小；

当$\cfrac{\omega}{f} = 1.0$时，$\beta = \infty$。

表6-1 输入频率与自振频率比$\cfrac{\omega}{f}$对应动力放大系数β

$\cfrac{\omega}{f}$	0.5	1.0	1.414	2.0	2.5	3.0	4.0
β	1.33	∞	1.0	0.33	0.19	0.125	0.067

由分析可知，在做结构设计时，务必要避开共振。

前面已指出，当$\cfrac{\omega}{f} > 2.5$时，振动反应极小，这是所有隔振设计的基本准则。在动力机器基础的隔振设计中已大量采用。国内外也采用隔振基础对整个建筑物进行基础隔振，用以防止地震的破坏作用，取得了很好的成果。其基本原理

就是使 $\dfrac{\omega}{f} > 2.5$。

所有隔震的原理都是基于 $\dfrac{\omega}{f} \geqslant 2.5$ 的这个基本原则，对于地震作用下的隔震，其计算公式为：

$$A = A_0 \frac{1}{1 - \dfrac{\omega^2}{f^2}} = A_0 \beta \tag{6-6}$$

式中，ω 为扰频，f 为自频，A_0 为地震地面振幅，A 为建筑物的振幅。

建筑物在地震作用下的放大系数见表6-2。

表 6-2　输入频率与自振频率比 $\dfrac{\omega}{f}$ 对应动力放大系数 β

$\dfrac{\omega}{f}$	2	2.5	3	3.5	4
β	0.33	0.19	0.125	0.089	0.067

由表6-2可知，只要使建筑物在隔震后的自振频率大大低于地震频率，即可大大减小建筑物的振动。

地震波的周期通常为：$T = 0.4 \sim 1.2$ s，即地震的强迫频率为：

$$\omega = \frac{1}{0.4} \sim \frac{1}{1.2} = 2.5 \sim 0.83 \text{ Hz}$$

也就是说，建筑物的隔震自振频率应设计为：

$$f < 1 \sim 0.33 \text{ Hz}$$

即自振周期应设计为 $1 \sim 3$ s。

为了使建筑物具有很低的自振频率，需在建筑物和基础之间设置隔震器。

6.4.2.2　工程结构消能减震原理

消能减震技术是把结构物中的某些构件（如支撑、剪力墙等）设计成消能部件或在结构物的某些部位（节点或连接处）装设阻尼器，在风载和小震作用下，消能杆件和阻尼器处于弹性状态，结构体系具有足够的抗侧移刚度以满足正常使用要求；在强烈地震作用时，消能杆件或阻尼器率先进入非弹性状态，大量耗散输入结构的地震能量，使主体结构避免进入明显的非弹性状态，从而保护主体结构在强震中免遭损坏。

消能减震的原理可以从能量平衡或结构振动的分析来阐述。这里从能量的角度作简单介绍。地震时，结构在任意时刻的能量方程为：

$$E_\text{t} = E_\text{s} + E_\text{r}$$

式中，E_t 为地震过程中输入给结构的能量；E_s 为主结构本身的消能；E_r 为附加于结构的消能。

主结构消能由以下几部分组成：

$$E_s = E_v + E_e + E_c + E_y$$

式中，E_v 为结构振动动能；E_e 为结构振动势能；E_c 为结构阻尼消能；E_y 为结构塑性变形消能。

且 E_v 与 E_e 之和为结构的振动能 E_D，即：

$$E_D = E_v + E_e$$

显然，E_D、E_c、E_y 均与结构反应有关。结构反应越大，则 $E_s = E_D + E_c + E_y$ 也越大。

可以从两方面认识消能减震原理：从能量观点看，地震输入结构的能量 E_D 是一定的，通过消能装置消耗掉一部分能量，则结构本身需消耗的能量减小，意味着结构反应减小；从动力学观点看，消能装置的作用，相当于增大结构阻尼，从而使结构反应减小。

6.4.3 工程结构隔震减震技术的应用

6.4.3.1 隔震技术

A 叠层橡胶隔震器

叠层橡胶支座隔震体系已相对比较成熟，为"规范"中所指的隔震器。该隔离体元件（图 6-3）用橡胶材料（天然橡胶或氯丁橡胶）作垫层，在橡胶层之间添加薄钢板以增加其竖向刚度，有中心加铅芯和不加铅芯两种。若采用高阻尼橡胶材料，则为高阻尼叠层钢板橡胶支座。典型结构如图 6-3 所示，这种支座由于薄钢板对橡胶的加劲作用，具有非常大的竖向刚度，足以承受建筑物的竖向荷载；而水平向由于薄钢板不影响橡胶的剪切变形，因而保持了橡胶固有的柔韧性，水平刚度很小，可大大增大建筑物的水平自振周期，达 2 s 左右，对自振周期较短的房屋减震效果较好，技术经济指标也可接受，同时施工较方便，易修复

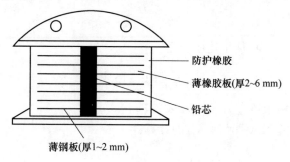

防护橡胶
薄橡胶板(厚2~6 mm)
铅芯
薄钢板(厚1~2 mm)

图 6-3 叠层橡胶隔震器

和更换。不足之处是对竖向地震没有减震效果，对长自振周期的建筑物存在共振的危险。因此，叠层钢板橡胶支座一般对于低层和多层建筑比较合适，对高层建筑效果不佳。

橡胶和钢板黏结后在高压下硫化成形。

在图 6-3 中，如无铅芯，则称为普通型叠层橡胶支座，这种支座阻尼较小（阻尼比小于 0.08）并且由于水平刚度较小又无锁定装置，所以在风作用下有轻微可感振动。

在图 6-3 中，如在隔震器中灌有铅芯，则大大增加了隔震器的阻尼作用，并且铅芯能提高隔震器的起始刚度，对控制风振和地基的微振动十分有利。

如在天然橡胶中掺入石墨即可成为高阻尼橡胶，其阻尼比可达 0.25，对减震十分有利。

叠层橡胶隔震器最主要的特性如下：

（1）可设计出很大的竖向刚度和很小的水平刚度，可使：

$$K_v \geq 1000 K_H$$

（2）叠层橡胶破坏时的水平变形很大，其值为：

$$\delta_{H(破坏)} \approx 4.5 n t_R$$

式中，n 为橡胶的层数；t_R 为橡胶板的厚度。在设计中，如采用 $n = 24$，$t_R = 1.4$ mm，则 $\delta_{H(破坏)} = 151.2$ mm。

（3）橡胶的延伸率大于 600%，抗拉强度大于 20 MPa，有很好的变形能力。

叠层橡胶隔震器设计的基本原则及水平刚度的计算如下。

设计叠层橡胶隔震器应保证：

（1）足够柔的水平刚度和足够大的竖向刚度；

（2）在大变形下，不出现失稳现象。

为此需要作如下设计：

（1）形态设计。需使：

$$S_1 = \frac{D}{4 t_R} \geq 15 \tag{6-7}$$

$$S_2 = \frac{D}{n t_R} \geq 5 \tag{6-8}$$

（2）强度设计。应使平均压应力：

$$\sigma_{av} = \frac{p_v}{A} = 0 \sim 15 \text{ MPa}$$

注：橡胶的极限压应力大约为 90 MPa。

叠层橡胶隔震器水平刚度 K_{H0} 的计算：

$$K_{H0} = \frac{GA}{n t_R} \Big[1 + \frac{4}{9} \times \frac{1}{S_2^2 (1 + 2 K S_1^2 / 3)} \Big]^{-1} \tag{6-9}$$

橡胶的 G 和 K 值见表6-3。

表6-3 橡胶的 G 和 K 值

橡胶硬度	G/MPa	K
40	0.46	0.85
50	0.64	0.73
60	1.08	0.57

当 S_1 和 S_2 较大时，K_{H0} 可简化为：

$$K_{H0} = \frac{GA}{nt_R}$$

式中，G 为橡胶的剪切模量；A 为橡胶的支承面积。

B 螺旋钢弹簧隔震器

螺旋钢弹簧隔震器支座主要由金属圆形柱螺旋弹簧组成。常用材料为锰钢、硅锰钢、铬锰钢。螺旋弹簧的主要优点是材料和结构参数的可选范围较大，能适应不同的荷载，同时水平刚度小、弹性性能稳定、耐久性好、价格低。缺点是阻尼很小，阻尼比一般为 0.005 ~ 0.01，因此需要和阻尼器一起使用。

C 滑动、滚动隔震支座

在建筑物的基础与上部结构之间，设置如滚珠、砂砾、聚四氟乙烯板、柔性石墨等摩擦系数很小的水平滑动材料，地震时，当缝面上部结构惯性力超过摩擦力时，缝面上下两部分产生相对滑动，使传递给上部结构的地震作用不会超过摩擦力，从而减小了建筑物的地震反应。这种支座由于造价低廉，长期以来一直备受重视，但由于其本身没有自复位能力，且不适于支承上部结构很大的重力荷载，因此，在实际应用方面受到很大的限制。有鉴于此，人们在叠层橡胶支座和滑动支座的基础上又提出下列几种新的隔震支座。

a 回弹滑动支座（R-FBI）

R-FBI 是由一组重叠放置又能相互滑动的带孔四氟薄板和一个中央橡胶核、若干个卫星橡胶核组成。橡胶核不承受竖向压力，它的作用是对四氟板间的相对位移与滑动速度沿支座高度加以分配，防止出现某些局部的过度位移，并且向滑动位移提供恢复力。四氟板间的摩擦力对结构起着风控制和抗地基微震动作用，当结构受低水平激励时，摩擦力能阻止结构底面的横向运动，当地基震动超过一定程度，横向荷载超过了静摩擦力时，结构底面开始滑动，橡胶核发生变形，地震能量的相当一部分被四氟板间的摩擦所消耗。这类隔震体系性能优良，但价格昂贵，制作复杂。

b　摩擦摆体系（FPS）

FPS 实际是依靠重力复位的摩擦摆滑动机构，其与滚轴和滚球机构的隔震原理相同，但在 FPS 中，摩擦滑块和滑动面是面接触，既能在滑移过程中耗散能量，又利于支承上部结构很大的重力荷载。但 FPS 只能对摆动方向起隔震作用，若要满足两个方向的隔震要求，需采用双层结构。

D　应用范围

隔震技术适用于层数为一至三十层的建筑物或高宽比不大于 40 的各类多、高层建筑物，上部结构水平刚度较大的各种结构物、桥梁、设备、仪器等。

E　技术成熟程度

（1）隔震技术的减震概念明确，减震效果明显，理论研究和实验研究成果比较丰富和完善，已建成大量橡胶垫隔震房屋和桥梁、地铁等结构，并在几次大地震中成功经受考验。总体来说隔震技术已经是一种成熟技术，可以应用。当然，不同的隔震方法其成熟程度也不一致。

（2）夹层橡胶垫隔震技术是目前比较成熟的隔震技术。在确保橡胶垫材料及制品经过各种性能的全面严格检测和质量控制，并采用正确的设计计算方法和前提下可以在工程中推广应用。

（3）其他各种隔震技术（砂垫层、滑板、滚球等）还有一些技术问题尚待解决，可以通过试点工程不断完善，待较为成熟后，再在工程中推广应用。

F　应注意的问题

（1）隔震器的质量性能需保证。某些工程采用的夹层橡胶垫材料及制品，由于生产条件及技术条件未完全具备，未经全面严格检测和质量保证，轻率地在工程中采用，导致结构不安全，形成隐患。一定要采用生产条件及技术条件完备的生产厂家的制品，以确保安全。不保质量而采用隔震技术，导致结构不安全，是今后推广应用隔震技术中必须引起重视的首要问题。

（2）各种隔震器的材料耐久性、长期性能稳定性、震后结构复位性、对地基沉陷的敏感性、隔震技术指标的定量计算可靠性等均须确保满足要求。

（3）力求施工安装简单，造价不过于昂贵。

6.4.3.2　消能减震技术

（1）钢耗能器。软钢具有较好的屈服后性能，利用其进入塑性范围后的良好滞回特性，目前已研究开发了多种耗能装置，如加劲阻尼装置（ADAS）、锥形钢耗能装置、圆环钢耗能器、双环钢耗能器、加劲圆环耗能器、低屈服点钢阻尼器等。这类耗能器具有滞回性能稳定、耗能能力大、长期可靠及不受环境与温度影响等特点。

（2）铅阻尼器。铅具有密度大、熔点低、塑性高、强度低、耐腐蚀、润滑能力强等特点，因其具有较高的延性和柔性，故在变形过程中可以吸收大量的能量，并有较强的变形跟踪能力。同时，通过动态回复与再结晶过程，其组织性能还可恢复至变形前的状态。目前开发出来的铅阻尼器类型主要有铅挤压阻尼器、铅剪切阻尼器、铅节点阻尼器、异型铅阻尼器等。

（3）摩擦耗能器。摩擦耗能器是一种性能良好的耗能减震装置，由于它具有较好的库仑特性，耗能明显，可提供较大的附加阻尼，且构造简单，取材容易，因而具有广泛的应用前景。已研制开发的摩擦耗能器主要有 Pall 型摩擦装置、Sumitome 型摩擦筒制振器、滑移型长孔螺栓节点耗能器、双向摩擦耗能装置等。

（4）黏滞流体阻尼器。黏滞流体阻尼器曾广泛应用于军事和航空领域，目前已在建筑和桥梁的振动控制中应用。已研制开发的黏滞流体阻尼器有筒式流体阻尼器、黏性阻尼墙系统（VDWS）、油动式阻尼器等。

（5）黏弹性阻尼器：黏弹性阻尼器是由黏弹性材料与约束钢板交替叠合而成的，是一种主要与速度相关的减震装置。它通过黏弹性材料的剪切滞回变形来增加结构的阻尼，耗散输入的振动能量，从而减小结构的振动反应。近年来开发的装置有沥青橡胶组合黏弹性阻尼器、黏弹性橡胶剪切阻尼器、超塑性硅氧橡胶黏弹剪切阻尼制震系统、杠杆黏弹性阻尼器等。

（6）复合型耗能器：复合型耗能器是利用两种以上的耗能元件或耗能机制设计而成的新型耗能减震装置。已研制开发的复合耗能器有弹塑性—摩擦耗能器、弹塑性—黏弹性耗能器、摩擦—黏弹性耗能器、流体—黏弹性阻尼器等。

（7）磁流变阻尼器：磁流变阻尼器是由缸体、磁流变体、活塞和可控磁场组成的。磁流变液在磁流变阻尼器内的运动，一般均可近似等同于无限大平行平板间的几种不同形式。根据其受力特点的不同，可将磁流变阻尼器分为剪切式、阀式、剪切阀式和挤压流动式。其中剪切阀式是当前磁流变阻尼器的主要应用形式。

磁流变阻尼器的阻尼力是由不可控制的磁流变体零磁场黏度引起的黏滞阻尼力和可控制的外加磁场引起的库仑阻尼力两部分组成。其性能受到位移幅值、磁场强度、激励频率等因素的影响。

（8）应用范围：层数较多（十五层以上）、高度较大、水平刚度较小、水平位移较明显的多层、高层、超高层建筑，大跨度桥梁、管线、塔架、高耸结构等。结构越高越柔，减震消能效果越显著。

（9）技术成熟程度：消能减震技术的减震概念明确，安全可靠，理论研究和实验研究的成果比较丰富，已成功应用于高层建筑、桥梁、塔架的抗震抗风。总体上，消能减震技术已经是一种成熟的技术，可以在工程中推广应用。

（10）应注意的问题：1）必须保证消能装置或材料的耐久性、长期性能及稳定性。2）消能装置的消能有效性。要确保消能装置在结构构件出现较大变形、裂缝或损坏之前能充分发挥消能作用。3）力求消能装置的制作安装简单，造价不过于昂贵。

6.4.3.3　质量调谐减震技术（TMD）

在建筑结构物某些部位（如在屋顶）设置一个附加子结构（具有质量 M，刚度 K 和阻尼 C），使原结构体系的动力特性发生改变。当原结构承受地震冲击而剧烈振动时，由于子结构质量块的惯性而向原结构施加反向的作用力，其阻尼也发挥消能作用，使原结构的振动反应明显衰减，这个子结构称为"调频质量阻尼器"TMD。由于无外部能量输入，故称被动 TMD 控制体系。按子结构的不同构成，用于建筑结构物减震控制的被动 TMD 体系有三种：

（1）支承式：子结构质量块支承于结构的某部位上，可双向滑动，并具有双向弹簧和双向阻尼器，大多设在高层建筑层顶。

（2）悬吊式：子结构质量块悬吊在结构的某部位，可双向自由摆动。常常利用高层建筑顶层的水箱兼作悬吊质量块。

（3）碰击式：在结构的某部位悬挂摆锤。结构振动时，该摆锤碰击原结构内（碰击处要设减震或消能装置），使结构振动衰减。常用于烟囱、塔架的抗震抗风。质量泵减震控制体系是一种被动控制体系，质量泵是一种液体质量阻尼器。其装置包括一对可伸缩的液体容器，并用导管连接。当结构振动时，引起容器往复伸缩而改变容积，产生正负压力，液体在导管中往复"泵送"，形成较大的阻尼，从而衰减结构的振动反应。质量泵可分为三种：

1）直接泵：结构构件与泵容器直接接触，这种质量泵能在较宽的频率范围内衰减结构反应。

2）间隔泵：在结构构件与泵容器之间留有间隔，这种泵构造简单，但结构自振频率对结构位移反应的影响比较敏感。

3）开环泵：结构质量直接与泵容器相联，这种泵能避开高振型的影响。

目前，各国对质量泵减震控制技术仍处于开发阶段，在理论研究上，正以流体力学为基础，结合试验结果，建立阻尼减震控制方法。试验得知质量泵能使结构加速度反应衰减 60% 以上。

质量泵应用范围：层数较多（二十层以上），高度较大，主振型比较明显、稳定的多层、高层、超高层建筑，大跨度桥梁、塔架、高耸结构等。

质量泵技术成熟程度：减震机理明确，已取得较多的理论研究和实验研究成果，并已在某些工程中应用。总体上，还处于趋向技术成熟的发展阶段，对主振型明显和稳定的结构较为有效和成熟。

6.4.4 应用实例

橡胶垫隔震房屋经受了多次强烈地震的考验，减震性能表现非常显著。

1994年1月17日，美国洛杉矶大地震中，该市相距不远的两个医院，一个是隔震的，地震时医师护士照常工作，毫无问题；另一个是不隔震的，损坏厉害，一直无法恢复工作。

1994年9月16日，台湾海峡发生了7.3级地震，震源离汕头市约200千米，汕头市烈度为6度，各类房屋摇晃厉害，居民惊慌失措，水桶里的水溅出了1/3左右，而陵海路隔震楼上的人并没有感到晃动，听到邻楼和邻街喧闹声后下楼才知道发生了地震。

1995年1月17日，日本神户大地震，该市的西部邮政大楼和松村研究所大楼等隔震房屋经受了地震的考验，房屋结构安全完好，仪器、设备、装修等丝毫无损。隔震房屋的安全性得到了人们的公认。橡胶垫隔震的楼房住宅正面临越来越大的需求。1994年以前十年里，日本建造了70多幢隔震房屋，而在1995年神户大地震后，一年之中就开发建造140多幢隔震房屋。

1995年10月24日，云南武定发生6.5级地震，距大理州水平距离大约200千米。地震发生时，大理许多人从睡梦中惊醒，明显感到较强的晃动，桌上的花瓶、玻璃杯等跳动，悬挂物摇摆很厉害，地震烈度约5度。而橡胶垫隔震建筑大理州交通指挥中心大楼中的大多数人没有感觉，只有20%感到有轻微摇动，直到听到其他建筑物内的人讲，才知道发生了地震，隔震建筑无任何破坏，减震效果明显。

1996年2月3日，云南丽江发生7级强烈地震。相距不远的西昌市税务局宿舍楼，是一幢六层隔震楼。在楼上居住的职工，只是感到轻微的晃动，而相邻的一幢常规抗震楼只有四层高。楼上居住的人摇晃十分厉害，惊慌失措往外逃跑。

日本东北大学隔震实验楼由两栋相同的3层混凝土框架结构的建筑组成，一栋采用橡胶隔震垫隔震，一栋采用普通抗震体系。2011年3月11日的9.0级东日本大地震中，两栋建筑均未受到严重的破损，但是震后的观察发现，非隔震结构的墙上明显出现一些裂缝，而隔震结构则未出现任何裂缝。此外，隔震结构顶部的加速度峰值相对非隔震结构减小了一半左右，并且隔震结构的顶部加速度与其底部加速度接近，而非隔震结构顶部加速度相对其底部加速度放大了两倍多，说明隔震结构层间位移较小，且隔震结构保持一种整体平动的状态。

2013年4月20日，四川雅安市芦山县发生7.0级地震，芦山县人民医院门诊综合楼位于芦山地震IX度区，但该建筑在地震中表现出良好的隔震效果。经历强震后，窗户的玻璃没有任何毁坏，建筑内部梁柱和墙构件都没有出现任何裂纹。该隔震建筑实现了比设计所取罕遇地震作用下更高的抗震设防目标的要求，确保建筑在强震后能继续正常使用，成为震后灾区抢救伤员的主要医院之一。该医院在 2022 年 6 月 1 日的 6.1 级地震中同样没有任何损坏。

2016 年 2 月 6 日，中国台湾美浓 6.7 级地震中，台南市的湖美天河公寓由于采用了减震技术，建筑未发生破坏，表现出良好的抗震性能。

2022 年 9 月 5 日 12 时 52 分，四川省甘孜州泸定县发生 6.8 级地震，经震后调查发现，高烈度区的减隔震建筑遭遇了相当于设防烈度的强震，主体结构基本完好，非结构构件仅有轻微损伤，未有人员伤亡。

我国自 1993 年在汕头建成首幢橡胶垫隔震建筑以来，橡胶垫隔震装置已先后在西昌、广州、太原、杭州、北京等地的 60 余项工程中得到应用（表6-4）。

表6-4 减震、隔震技术在我国部分地区的建筑工程中的应用情况

序号	工程名称	结构类型	层数	建筑面积/m^2	地点	建成年份
1	住宅楼	R. C. 框架	8	3136	汕头	1993
2	住宅楼兼金库	砌体混合	6	3200	西昌	1995
3	住宅楼（8 栋）	砌体混合	6	1700	西昌	1995
4	大学生宿舍	R. C. 框架	7	4416	广州	1995
5	交警指挥中心	R. C. 框架	8	4816	大理	1995
6	税务局综合楼	R. C. 框架	8	7819	大理	1995
7	乡镇企业综合楼	R. C. 框架	9	3786	大理	1995
8	幼儿园	R. C. 框架	8	4000	汕头	1995
9	住宅楼	R. C. 框架	8	4100	澄海	1995
10	博物馆	R. C. 框架	13	16620	汕头	1996
11	教学试验楼	R. C. 框架	6	3500	北京	1996
12	豪华饭店	砌体混合	4	18000	丽江	1996
13	地震监测中心	R. C. 框架	9	6100	广州	1998
14	住宅楼	R. C. 框架	7	3780	广州	1996
15	教学楼	R. C. 框架	7	3500	三河	1997
16	住宅楼	R. C. 框架	20	18000	太原	1997
17	住宅楼	R. C. 框架	9	5000	太原	1997
18	住宅楼	底框	7	8800	咸阳	1998
19	培训中心	砌体结构	6	3200	喀什	1998
20	宿舍楼	砌体结构	6	1470	喀什	1998

序号	工程名称	结构类型	层数	建筑面积/m²	地点	建成年份
21	宿舍楼（加层）	砌体结构	6	4464	太原	1997
22	图书馆	R. C. 框架	6	18000	太原	1998
23	住宅楼	底框	7	3700	杭州	1997
24	体育馆	R. C. 框架	1	13000	宿迁	2002
25	住宅楼	框架-剪力墙	21	14000	宿迁	2008
26	综合楼	框架-剪力墙	20	67000	宿迁	2011
27	航站楼	R. C. 框架	3	460000	昆明	2012
28	航站楼	R. C. 框架	5	350000	北京	2019
29	体育馆	框架-剪力墙	3	215124	唐山	2022

7　震损工业建筑剩余抗震能力评价

7.1　工业建筑典型震害

国内一些学者基于汶川、唐山大地震等相关调查结果，研究了单层钢筋混凝土厂房排架柱在地震作用下的震害特征，具体归纳如下：

（1）上柱柱底因刚度突变，造成应力、变形集中，易产生水平裂缝、混凝土剥落，严重时甚至会导致柱根折断。上柱柱底水平裂缝如图7-1所示。

彩图请扫码

图 7-1　上柱柱底水平裂缝

（2）牛腿同时受到来自上柱和吊车梁的动态与静态的荷载，受力状态较为复杂，可能产生水平裂缝、竖向裂缝或斜裂缝，底部变截面处可能出现截面错位、混凝土压碎。牛腿竖向裂缝和斜裂缝如图7-2所示。

（3）下柱根部由于水平地震作用过大，易产生水平裂缝、纵向剪切斜裂缝，甚至混凝土压碎、纵筋屈曲、倒塌。下柱根部破坏形态如图7-3所示。

根据震害资料调研结果，排架柱在地震中破坏最严重的主要是上柱柱底、牛腿等刚度突变的部位。

国内一些学者基于地震现场相关调查结果，研究了在地震作用下砌体结构砖墙的破坏形式：通常情况下，当高宽比小于1时，更易发生剪切破坏；而当高宽比大于1时，则更易出现弯曲破坏。

（1）剪切破坏。当水平地震作用方向与墙体水平方向垂直时，墙体主要承受因地震作用而产生的剪切力，因为墙体的抗剪能力严重不足，墙体会产生剪切

彩图请扫码

图 7-2 牛腿竖向裂缝和斜裂缝

(a) 混凝土压碎

(b) 斜裂缝

图 7-3 下柱根部破坏形态

彩图请扫码

破坏，产生交叉裂缝。剪切破坏主要表现为砖与砂浆之间黏结处的开裂，从而引起砖块的滑移和错位。地震过后，发生该类破坏形态的墙体难以修复。试件很快达到极限承载力，弹塑性耗能能力较差，延性较小，以脆性破坏为主；剪切破坏后结构更容易发生连续破坏，有的甚至还会倒塌，给人民的生命财产安全构成威胁。

（2）弯曲破坏。当砖墙发生弯曲破坏时，通常裂缝从底部开始，然后逐渐扩大并沿水平方向扩展，最终形成一条贯穿裂缝，且墙体底部会被压碎。墙体在发生破坏前，可产生较大的变形，具有良好的延性性能，弯曲破坏具有较好的耗能能力，表现出良好的抗震性能。如果墙体有构造柱及纵筋的共同作用，纵筋可能会发生受拉屈服，从而极大地增强了墙体的延性与弹塑性耗能能力。砌体结构破坏形态如图 7-4 所示。

(a) 剪切破坏   (b) 弯曲破坏

图 7-4　砌体结构破坏形态

彩图请扫码

7.2　震损工业建筑剩余抗震能力试验

7.2.1　单层钢筋混凝土排架厂房

　　不同服役年限的单层工业厂房由于建造设计时采用不同的设计规范，在地震中的破坏程度也有所不同。建筑抗震设计相关规范自 1978 年首次发布以来，至今已经经历过多次修订，不同版本抗震设计规范对钢筋混凝土排架柱的构造要求有所不同，根据改动相对较大的 1978 年发布的《工业与民用建筑抗震设计规范》（TJ 11—1978）（简称 "1978 版规范"）、1989 年发布的《建筑抗震设计规范》（GBJ 11—1989）（简称 "1989 版规范"）和 2010 年发布的现行《建筑抗震设计规范》（GB 50011—2010）（简称 "2010 版规范"）三版规范的规定，设计了 3 个变截面排架柱试件，分别记为试件 1、2、3（图 7-5），同时在柱顶和牛腿顶面施加竖向力，施加相同的位移荷载进行拟静力试验，并对比分析试验结果，比较不同规范的排架柱的抗震性能差异。排架柱拟静力试验试验结果，包括混凝土裂缝的萌生和发展、构件荷载-位移曲线等，将为数值模拟的结果提供对照，以修正数值模拟的本构和参数，验证数值模拟的准确性和合理性。

　　根据 1978 版、1989 版和 2010 版建筑抗震设计规范设计制作了钢筋混凝土排架柱试件，并开展拟静力试验，试验结果进行对比得到结论如下：

　　（1）从表观震害特征的角度，1989 版抗规增设下柱箍筋加密区，能有效减小排架柱下柱柱底的应力集中，延缓塑性铰的形成，对构件的抗震性能提高较为显著；参考 2010 版抗规增加上柱箍筋截面积，对于上柱轴压比较大、上柱柱根较为薄弱的排架柱的抗震性能的提高效果更好。

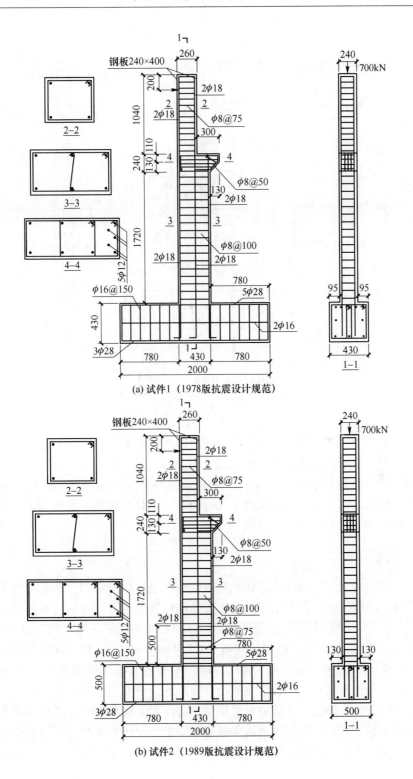

(a) 试件1（1978版抗震设计规范）

(b) 试件2（1989版抗震设计规范）

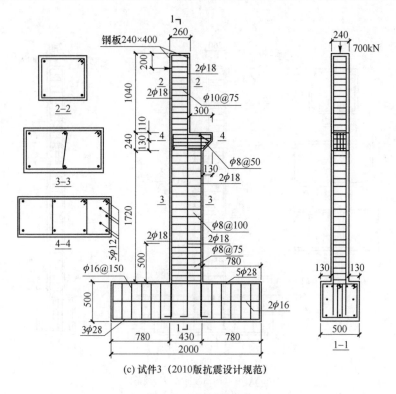

(c) 试件3（2010版抗震设计规范）

图 7-5　试件设计图

（2）从构件滞回特性的角度，1989 版和 2010 版规范的变动均能有效提高构件的耗能能力，增大构件的最大承载力，但屈服荷载、极限位移等变化不大。

（3）从构件延性性能的角度，1989 版规范增设下柱箍筋加密区可以提高构件的延性性能，但这一提高是以减小构件的屈服位移实现的，考虑到试验样本量较小，因此该结论有待进一步研究论证。

7.2.2　砌体厂房

由于不同建造年代的砌体结构建筑所依据的设计规范不同，则相应的建筑在地震作用下的破坏情况也不尽相同。就砌体结构建筑而言，将不同时期的抗震设计规范《工业与民用建筑抗震设计规范》（TJ 11—1978）、《建筑抗震设计规范》（GBJ 11—1989）、《建筑抗震设计规范》（GB 50011—2001）和《建筑抗震设计规范》（GB 50011—2010）进行对比可以发现：由于我国在 1976 年的唐山大地震中损伤惨重，自此各位专家学者对抗震设计规范展开了大规模的修订工作，大大提高了对各类建筑结构抗震设计的重视程度，将高烈度地震影响作用作为重要影响因素进行考虑。目前，按照不同版本规范的要求，设计了 4 个不同构造措施的砖砌体墙试件，采用低周反复加载模拟地震作用，研究墙体的抗震性能，包括砖砌体墙的裂缝发展趋势、构件荷载-位移曲线等。同时将试验的相关结果与数值模拟结果进行对照，以修正数值模拟的相关参数，验证模拟结果的准确性。试件设计图如图7-6所示。

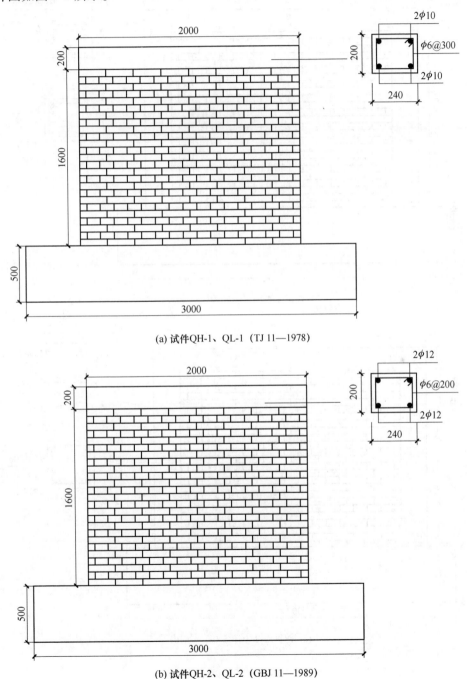

(a) 试件QH-1、QL-1（TJ 11—1978）

(b) 试件QH-2、QL-2（GBJ 11—1989）

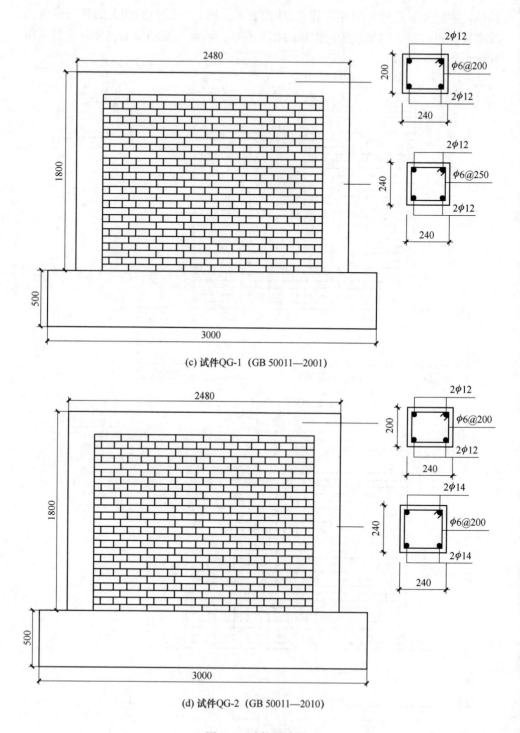

(c) 试件QG-1（GB 50011—2001）

(d) 试件QG-2（GB 50011—2010）

图 7-6　试件设计图

通过对《工业与民用建筑抗震设计规范》（TJ 11—1978）、《建筑抗震设计规范》（GBJ 11—1989）、《建筑抗震设计规范》（GB 50011—2001）和《建筑抗震设计规范》（GB 50011—2010）四本规范中的砌体结构构造要求的差异进行分析，设计四个砌体墙试件，开展拟静力试验，比较四个试件的极限承载能力、刚度、延性、强度等，得出如下结论：

（1）构造柱中的钢筋直径、箍筋加密，提高了砌体墙的最大承载力、耗能能力与延性。

（2）圈梁中纵筋直径及箍筋间距对砖墙整体承载能力几乎没有影响，砖块及砂浆强度对砖墙承载力也几乎没有影响。

7.3　震损工业建筑剩余抗震能力评价方法

7.3.1　单层钢筋混凝土排架厂房

7.3.1.1　构件损伤指数

构件的损伤程度可通过损伤指数 D 来量化，目前计算损伤指数 D 的模型主要分单参数损伤模型和双参数损伤模型两种。单参数损伤模型通常只通过变形或能量相关参数，与损伤指数联系起来，优点是计算较为简单，参数易获取，但同时该模型由于只考虑变形或能量，对于构件损伤的反映较为片面；而双参数损伤模型综合考虑构件的变形和能量，能够更全面地反映构件的损伤情况，目前应用也更为广泛。最早的双参数损伤模型由 Park 等人提出，而后也有多位学者在此基础上加以修正，提出了一些改进后的双参数损伤模型。

美国学者 Park 等人考虑到变形和累计滞回耗能对构件地震损伤的双重效应，于 1985 年首次提出了双参数模型，该模型表达式第一项反映变形，第二项反映能量的消耗：

$$D = \frac{\delta_m}{\delta_u} + \beta_0 \frac{\int dE}{F_y \delta_y}$$

式中，δ_m 为地震作用下构件的最大变形；δ_u 为单调荷载作用下构件的极限变形；δ_y 为构件的屈服变形；F_y 为屈服荷载；$\int dE$ 为累积滞回耗能。

其中

$$\beta_0 = (-0.357 + 0.73\lambda + 0.24n_0 + 0.314\rho) \times 0.7\rho_w$$

式中，λ 为构件的剪跨比，当 $\lambda < 1.7$ 时取 1.7；n_0 为构件的轴压比，当 $n_0 < 0.2$ 时取 0.2；ρ 为纵筋的配筋率，当 $\rho < 0.75\%$ 时取 0.75%；ρ_w 为体积配箍率，当 $\rho_w > 2\%$ 时取 2%；β_0 为循环荷载影响系数，具有明确的物理意义，反映了强度的退化现象。

根据 Park 等人的分析，该模型 D 值服从对数正态分布，其均值为 1.0，标准差为 0.54。

结构或构件地震损伤评价准则见表 7-1。

表 7-1　结构或构件地震损伤评价准则

损伤等级	基本完好	轻微破坏	中等破坏	严重破坏	倒塌
Park 模型	0~0.4（可修复的破坏）			0.4~1.0 （不可修复的破坏）	>1.0

7.3.1.2　细部震损量化

参考《建（构）筑物破坏等级划分》（GB/T 2433—2009）对破坏程度的划分，将构件细部损伤程度分为细微裂缝、轻微裂缝、明显裂缝和严重裂缝；张显辉、张磊给出了结合表征损伤模糊数量与破坏程度的构件震损量化，但对于单根排架柱的计算，总体破坏数量较少，因此其模糊数量标准中"个别"（数量占比小于 10%）、"少数"（数量占比 10%~30%）、"多数"（数量占比大于 30%）的判定难以应用。本节将参考《建（构）筑物破坏等级划分》规范给出的损伤程度划分，将判据进一步细化完善，提出主要考虑裂缝的宽度的细部损伤指数判定方法（表 7-2），取值范围为 0~1，损伤指数越大，表明该位置损伤越严重。

表 7-2　细部损伤指数判定方法（主要考虑裂缝宽度）

破坏程度	表 观 特 征	细部损伤指数
细微裂缝	表面出现由地震引起的，肉眼能够看得清楚的裂缝，但裂缝宽度几乎为 0	0.1
轻微裂缝	裂缝宽度不大于 0.5 mm，裂缝对构件承载力无明显影响	0.3
明显裂缝	裂缝宽度大于 0.5 mm 但小于 1 mm，裂缝已深入内层，钢筋外露	0.5
严重裂缝	裂缝宽大于 1.0 mm，混凝土保护层初步脱落，裂缝深入至内层	0.7
破坏裂缝	裂缝宽超过 2 mm，同时伴有竖向劈裂裂缝，混凝土严重剥落，钢筋明显外露甚至严重弯曲	1

7.3.1.3　数据拟合

参考中国地震局工程力学研究所的张磊、柴相花等人的相关研究，将构件损伤指数 D 与细部损伤指数间的关系式设为：

$$D = \sum_{j=1}^{3} d_j \omega_j$$

式中，d_1、d_2、d_3 分别为上柱、牛腿、下柱对应的细部损伤指数；ω_j 为各部位的权重值。

直接利用 Matlab 编程对数值模拟得到的 70 组数据进行拟合，从客观角度得到各部位的权重值，得到细部损伤判定方法下损伤指数 D 与上柱、牛腿、下柱细部损伤指数的数学关系式。

Matlab 拟合得到各权重系数及计算公式如下：

$$\begin{cases} \omega_1 = 0.46 \\ \omega_2 = 1.07 \\ \omega_3 = 0.85 \end{cases}$$

$$D = 0.61d_1 + 1.14d_2 + 0.72d_3$$

确定 D 值后，根据 D 值初步判定排架柱的损伤等级，构件损伤等级的判定参考 Park 和 Ang 的研究结论，将排架柱破坏等级分为基本完好、轻微破坏、中等破坏、严重破坏、毁坏五个级别，对应损伤指数见表 7-3。

表 7-3　排架柱损伤等级判定指标

损伤等级	基本完好	轻微破坏	中等破坏	严重破坏	毁坏
损伤指数 D 值	0 ~ 0.10	0.10 ~ 0.25	0.25 ~ 0.40	0.40 ~ 0.80	> 0.80

7.3.1.4　排架柱剩余承载力评价方法

A　退化系数计算

根据得到的表观震害特征与构件损伤指数 D 间的数学关系式，可将损伤指数 D 作为桥梁，通过推算退化系数与构件损伤指数 D 间的关系式，把表观震害特征与构件退化系数联系起来。

首先对构件的刚度退化系数 α_K 和强度退化系数值 α_F 进行定义：

弹性刚度　　　　　　　　　$k'_0 = k_0 \alpha_K$

屈服强度　　　　　　　　　$F_{yd} = F_y \alpha_F$

屈服位移　　　　　　　　　$\delta_{yd} = F_{yd}/k'_0$

屈服段刚度　　　　　　　　$k_1/k'_1 = F_y/F_{yd}$

式中，k'_0、F_{yd}、k'_1 分别为震损排架柱构件的弹性刚度、屈服荷载和屈服段刚度；k_0、F_y、k_1 分别为完好排架柱构件的弹性刚度、屈服荷载和屈服段刚度。

根据欧进萍等人的研究结果，假定排架柱震损前后的极限位移和骨架曲线下降段的斜率不变，可以得到反映排架柱剩余承载力的其余特征量：

峰值位移　　　　　　　　　$\delta_{ud} = \delta_u$

峰值荷载　　　　　　　　　$F_{ud} = F_{yd} + k'_1(\delta_{ud} - \delta_{yd})$

下降段刚度　　　　　　　　$k'_2 = k_2$

极限荷载　　　　　　　　　$F_{cd} = 0.85 F_{ud}$

极限位移 $$\delta_{cd} = \delta_{ud} + (F_{ud} - F_{cd})/k_2'$$

对于退化系数的计算，在已建立的 Abaqus 有限元模型中施加水平反复荷载以模拟拟静力试验，提取完好排架柱和震损排架柱的骨架曲线，通过骨架曲线得到排架柱的强度、刚度等性能参数，从而得到相关退化系数。刘杰东通过对 97 个钢筋混凝土试件的试验数据进行拟合分析，得到了刚度、强度退化系数与震损指数 D 间的数学关系式，本节将在其研究基础上，通过数值模拟分析对计算公式进行适当调整：保留强度退化系数的计算公式，调整参数 ω_1 和 ω_2 的算法，并修改刚度退化系数的计算公式，得到更符合钢筋混凝土排架柱的剩余承载力计算方法。调整前后的公式如下。

强度退化系数值 α_F 与损伤指数 D 的拟合关系式为：

$$\alpha_F = 1 + \omega_1 D + \omega_2 D^2$$

其中调整前的 ω_1 和 ω_2 分别为：

$$\omega_1 = 0.127 - 0.000586f_{yw} + 0.229\left(\frac{f_{yw}}{1000}\right)^2 + 0.00143f_c'$$

$$\omega_2 = -1.013 + 0.585n_0 - 1.762n_0^2 + 0.183\rho_s + \frac{10.959}{f_c'}$$

式中，f_{yw} 为箍筋屈服强度；n_0 为轴压比；f_c' 为混凝土强度；ρ_s 为纵筋配筋率，下同。

结合排架柱的承载力退化特点调整后的 ω_1 和 ω_2 分别为：

$$\omega_1 = 0.095 - 0.000615f_{yw} + 0.183\left(\frac{f_{yw}}{1000}\right)^2 + \frac{f_c'}{700}$$

$$\omega_2 = -0.6 + 0.5n_0 - 1.76n_0^2 + 0.18\rho_s + \frac{10}{f_c'} + 0.05\rho_v$$

式中，ρ_v 为体积配箍率。

调整前的刚度退化系数 α_K 与损伤指数 D 的拟合关系式为：

$$\alpha_K = \frac{0.89559}{1 + (D/0.28442)^{1.84451}} + 0.10443$$

调整后的刚度退化系数 α_K 与损伤指数 D 的拟合关系式为：

$$\alpha_K = \frac{0.926}{1 + (D/0.31)^{1.83}} + 0.105$$

B 实例分析

a 工程概况

2008 年 5 月 12 日，在我国四川省发生了里氏 8.0 级的特大地震，造成了巨大的经济损失和人员伤亡。中国建筑西南设计研究院有限公司对灾区建筑物震害进行了调查，调查结果中重灾区某一单层钢筋混凝土工业排架厂房的中柱破坏情况如图7-7所示。下柱柱底主裂缝宽度明显超过2 mm，混凝土剥落较为严重，纵筋屈曲，且出现剪切斜裂缝；上柱中下部水平裂缝贯穿，且裂缝处已出现截面错位，牛腿破坏程度相对较轻，裂缝宽度约在1~2 mm，排架柱整体破坏较为严重，承载力下降明显。

(a) 下柱柱底   (b) 上柱与牛腿

图7-7 排架柱破坏情况

彩图请扫码

b 表观震害特征量化

根据排架柱表观震害特征，按表7-2给出的判定依据，确定上柱、牛腿和下柱的细部损伤指数 d_1、d_2、d_3，见表7-4。

表7-4 各部位细部损伤指数

震害部位	上柱	牛腿	下柱
细部损伤指数	1	0.7	1

c 计算排架柱构件损伤指数 D

将上一步得到的 d_1、d_2、d_3 代入公式，计算得到排架柱整体构件损伤指数 D 为2.128，初步判定构件的损伤等级为倒塌，损伤较为严重。

$$D = 0.61 \times 1 + 1.14 \times 0.7 + 0.72 \times 1 = 2.128$$

d 计算退化系数

根据相关资料，该排架柱箍筋强度335 MPa，混凝土为C40，排架柱轴压比为0.1，配筋率1.5%。根据公式计算排架柱构件的强度退化系数 α_F 和刚度退化系数 α_K，结果分别为0.34和0.14，可见排架柱刚度退化严重，强度大幅降低。

$$\omega_1 = 0.095 - 0.000615 \times 335 + 0.183 \times \left(\frac{335}{1000}\right)^2 + \frac{26.8}{700} = -0.052$$

$$\omega_2 = -0.6 + 0.05 - 1.76 \times 0.01 + 0.18 \times 0.015 + \frac{10}{26.8} - 0.05 \times 0.012 = -0.14$$

$$\alpha_F = 1 - 0.052 \times 2.128 - 0.14 \times 2.128^2 = 0.26$$

$$\alpha_K = \frac{0.926}{1 + (2.128/0.31)^{1.83}} + 0.105 = 0.13$$

e　评估排架柱剩余承载力

判断震损排架柱的剩余承载力需要已知完好排架柱的刚度、强度相关性质，结合相关资料，适当补充未知参数，利用 Abaqus 建立完好排架柱的有限元模型，施加反复位移荷载，得到完好排架柱的弹性刚度为 4000 kN/m，屈服荷载为 60 kN，屈服位移约 15 mm，峰值荷载为 110 kN，峰值位移约 90 mm，下降段刚度约 180 kN/m。将上述完好排架柱参数，以及上一步得到的退化系数代入公式，计算得到该震损排架柱的近似剩余承载力：

弹性刚度　　　　　$k_0' = 4000 \times 0.13 = 520$ kN/m

屈服强度　　　　　$F_{yd} = 60 \times 0.26 = 15.6$ kN

屈服位移　　　　　$\delta_{yd} = 15.6/520 = 0.03$ m $= 30$ mm

屈服段刚度　　　　$k_1' = 666.7 \times 15.6/60 = 173.3$ kN/m

峰值位移　　　　　$\delta_{ud} = 90$ mm

峰值荷载　　　　　$F_{ud} = 15.6 + 173.3 \times (0.09 - 0.03) = 26.00$ kN

下降段刚度　　　　$k_2' = 180$ kN/m

极限荷载　　　　　$F_{cd} = 0.85 \times 26.00 = 22.10$ kN

极限位移　　　　　$\delta_{cd} = 90 + \dfrac{26000 - 22100}{180} = 111.67$ mm

根据以上承载力代表值，得到震损前后排架柱骨架曲线如图 7-8 所示，可以看到排架柱承载力大幅下降，最大承载力仅有完好排架柱的 24%，已无法作为震后灾民安置或恢复生产的场所，且应当禁止人员进入，防止意外事故的发生。

7.3.1.5　震损排架柱厂房剩余承载力评价

根据上述研究，把震损评价的研究对象由排架柱构件扩展至整个排架结构，加入厂房屋架和柱顶连接节点作为主要受力构件，用层次分析法计算权重系数，探索排架柱、屋架和连接节点的损伤与排架结构整体损伤之间的关系，建立基于表观震害特征的单层排架结构震损评价方法。

结合工程实例开展数值模拟，根据数值模拟的结果判定排架结构在主余震作用后的损伤等级，验证结构震损评价方法的可行性，同时反映出研究排架结构在主余震作用下性能退化规律的重要性。

A　屋架与连接节点损伤量化

屋架是单层工业厂房上部的主要承重构件，直接承受来自屋面的竖向荷载，

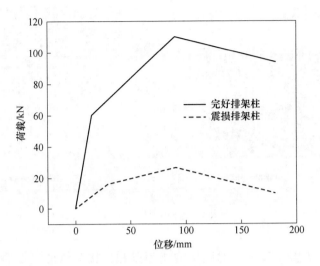

图 7-8 震损前后骨架曲线对比

并通过与排架柱的连接，提高了厂房的横向刚度。屋架在地震中的破坏主要有端头埋板处混凝土的局部剥落、上下弦的弦杆断开、部分竖杆断裂等，如图 7-9 所示。

(a) 屋架端部破坏   (b) 下弦杆断裂

图 7-9 屋架震害

彩图请扫码

除屋架或屋面梁外，屋架与排架柱的连接节点由于承受来自上部结构多个方向的地震作用，受力状态十分复杂，在地震中可能出现截面错位、混凝土压碎等震害，如图 7-10 所示。且该部位由于位置较高、体积较小，在破坏后不易被察觉，可能会因一时疏忽导致排架结构整体变形甚至倾覆，后果不堪设想。

参考《建（构）筑物破坏等级划分》（GB/T 24335—2009）和《中国地震烈

(a) 混凝土压酥   (b) 竖向裂缝

图 7-10　柱顶连接节点震害

彩图请扫码

度表》（GB/T 17742—2020） 对屋架或屋面梁和连接节点的损伤等级进行量化，各等级描述及对应损伤指数见表 7-5，损伤指数取值范围为 0～1，取值越大表示连接节点的破坏越严重，0 表示构件完好无损伤，1 表示构件完全破坏、承载力完全丧失。

表 7-5　构件损伤等级判定

破坏程度	震害特征描述	损伤指数
完好	无任何裂缝，承载力未下降	0
轻微破坏	混凝土表面有少量肉眼可见的裂缝，裂缝宽度不大于 0.5 mm	0.2
中等破坏	混凝土表面有明显裂缝，裂缝初步深入内层，宽度在 0.5～1 mm	0.4
严重破坏	裂缝已深入内层甚至贯通，混凝土剥落，裂缝宽度大于 1 mm	0.7
毁坏	构件严重变形，承载力完全丧失，混凝土剥落甚至压碎	1

B　结构损伤指数计算公式

目前对结构整体损伤的计算主要有两个思路：一是将各个构件的损伤指数加权求和，二是根据整体结构的某个特性，如刚度的退化来评价结构的整体损伤。思路一可以综合考虑各个构件对整体损伤的影响，相比之下对结构损伤的判定更准确、更合理。该思路具有代表性的模型是 Park 和 Ang 提出的整体损伤评价模型，通过加权组合的方式求出结构的整体损伤指数：

$$D_z = \sum \lambda_i D_i$$

式中，λ_i 为构件 i 的权重系数；D_i 为构件 i 的损伤指数；D_z 为结构整体损伤指数。

本节采用上述公式计算结构整体的损伤指数，Park 等人是以构件累计耗能占比来计算构件的权重系数 λ_i，由于柱顶连接节点的耗能难以计算，因此本节将参考张显辉等人的研究，采用层次分析法确定各构件的权重系数。

结构整体的损伤指数 D_z 的取值范围也是 $0 \sim 1$，取值越大表示结构的破坏越严重。破坏等级判定准则参考《中国地震烈度表》（GB/T 17742—2020）对房屋破坏等级及其对应震害指数的建议，具体见表 7-6。

表 7-6 结构整体损伤等级判定指标

损伤等级	基本完好	轻微破坏	中等破坏	严重破坏	毁坏
损伤指数 D 值	$0 \sim 0.10$	$0.10 \sim 0.30$	$0.30 \sim 0.55$	$0.55 \sim 0.85$	> 0.85

当结构包含多个排架柱、屋架或连接节点时，需根据不同的结构形式来确定构件损伤指数的计算方法。根据排架厂房结构的特点，若结构为单层单跨，则选取破坏程度最高，即损伤指数最大的排架柱的损伤指数，作为该类构件的损伤指数；若结构为单层多跨，则计算所有排架柱损伤指数的平均值，作为该类构件的损伤指数，开展后续计算，屋架和连接节点的构件损伤指数计算方法同上。

C 权重系数确定

各构件权重系数的确定采用层次分析法（AHP），该方法最早由美国的 Saaty 提出，基本原理是将专家的思维进行量化，当专家意见不一致时，可利用一致性检验进行处理。层次分析法的具体思路是让专家对两个指标之间的相对重要性进行比较，相对重要的程度量化见表 7-7，比较后得到评判矩阵，再进一步利用矩阵变换计算出权重系数的取值，最后对结果进行一致性检验。

表 7-7 评价比例标度表

甲指标与乙指标相比	极重要	很重要	重要	略重要	相等	略不重要	不重要	很不重要	极不重要
评级	9	7	5	3	1	1/3	1/5	1/7	1/9

注：可取 8、6、4、2、1/2、14、16、18 作为上述评级的中间值。

a 建立评判矩阵

由于地震中排架结构整体的损伤程度和抗震能力主要受排架柱和屋架影响，因此本节在结构整体震损评价时，只考虑排架柱、屋架和二者的连接节点。参考中国地震局工程力学研究所的专家意见得到的评判矩阵 X 见表 7-8。

表 7-8 专家做出的评判矩阵

评价因子	排架柱	屋架（屋面梁）	连接节点
排架柱	1	2	2
屋架（屋面梁）	1/2	1	1
连接节点	1/2	1	1

　　b　计算权重系数矩阵 **T**

　　通过矩阵正规化，使矩阵的形式更利于后续数据的处理，对矩阵 **X** 的每一列正规化如下：

$$\bar{a}_{11} = \frac{1}{1 + \frac{1}{2} + \frac{1}{2}} = 0.5$$

$$\bar{a}_{21} = \bar{a}_{31} = \frac{1/2}{1 + \frac{1}{2} + \frac{1}{2}} = 0.25$$

$$\bar{a}_{12} = \frac{2}{2 + 1 + 1} = 0.5$$

$$\bar{a}_{22} = \bar{a}_{32} = \frac{1}{2 + 1 + 1} = 0.25$$

$$\bar{a}_{13} = \frac{2}{2 + 1 + 1} = 0.5$$

$$\bar{a}_{23} = \bar{a}_{33} = \frac{1}{2 + 1 + 1} = 0.25$$

由此得到评判矩阵 **X** 正规化后的矩阵 **X′**：

$$\begin{bmatrix} 0.5 & 0.5 & 0.5 \\ 0.25 & 0.25 & 0.25 \\ 0.25 & 0.25 & 0.25 \end{bmatrix}$$

将矩阵 **X′** 每一行求和，得到矩阵 **T̄**：

$$\bar{T}_1 = 0.5 + 0.5 + 0.5 = 1.5$$

$$\bar{T}_2 = \bar{T}_3 = 0.25 + 0.25 + 0.25 = 0.75$$

$$\bar{T} = \begin{bmatrix} 1.5 & 0.75 & 0.75 \end{bmatrix}^{\mathrm{T}}$$

将矩阵 **T̄** 正规化得到矩阵 **T**：

$$T_1 = \frac{1.5}{1.5 + 0.75 + 0.75} = 0.5$$

$$T_2 = T_3 = \frac{0.75}{1.5 + 0.75 + 0.75} = 0.25$$

$$\boldsymbol{T} = \begin{bmatrix} 0.5 & 0.25 & 0.25 \end{bmatrix}^{\mathrm{T}}$$

　　c　一致性检验

　　一致性检验可以对层次分析法结果的可靠性进行检查：计算一致性指标 C.I，若 C.I≤0.1 则表示评判矩阵 **X** 符合要求，权重系数矩阵 **T** 可以使用，C.I 越小，表示结果的一致性越高，判断误差越小，但不能为负，C.I 为 0 表示结果完全一致，较为理想。

先计算评判矩阵 X 的最大特征根 λ_{max} :

$$XT = \begin{bmatrix} 1 & 2 & 2 \\ 1/2 & 1 & 1 \\ 1/2 & 1 & 1 \end{bmatrix} \begin{bmatrix} 0.5 \\ 0.25 \\ 0.25 \end{bmatrix}$$

$$(XT)_1 = 1 \times 0.5 + 2 \times 0.25 + 2 \times 0.25 = 1.5$$

$$(XT)_2 = (XT)_3 = 1/2 \times 0.5 + 1 \times 0.25 + 1 \times 0.25 = 0.75$$

$$\lambda_{max} = \sum_{i=1}^{3} \frac{(XT)_i}{nT_i} = \frac{1.5}{3 \times 0.5} + \frac{0.75}{3 \times 0.25} + \frac{0.75}{3 \times 0.25} = 3.00$$

进一步得到一致性指标 C. I :

$$C.I = \frac{\lambda_{max} - n}{n - 1} = \frac{3 - 3}{3 - 1} = 0 \leqslant 0.1$$

评判矩阵 X 满足一致性要求, 故可得到满足一致性检验的结构损伤指数表达式:

$$D_z = 0.5D_1 + 0.25D_2 + 0.25D_3$$

式中, D_z 为结构整体震损指数; D_1 为排架柱损伤指数; D_2 为屋架或屋面梁损伤指数; D_3 为连接节点损伤指数。

7.3.2　砌体厂房

墙体的裂缝宽度是可以定量地反映墙体的损伤程度, 可以此来判断砌体填充墙破坏状态。在试验中, 通过专用裂缝卡测量并记录墙体在各级位移幅值加载和卸载至零时的最大裂缝宽度。

根据有限元软件模拟的结果, 图 7-11 给出了试件的最大裂缝宽度 C_{max} 与层间位移角 R 的对应。从图中可以观察到, 随着位移幅值的增大, 各试件墙面上最大裂缝宽度 C_{max} 整体上也增大。但对于某些的墙体, 当其层间位移角很大时, 其最大裂缝宽度随着构件的横向位移增加而减少。出现此现象是因为在荷载作用的后期, 在墙面上最大的裂缝中, 砖块或砂浆被挤压脱落, 因此, 出现了其他缝隙而重新测量。虽然这时的最大裂缝宽度已经不能精确地反映出墙面的最大损坏程度, 但是, 其仍然能够反映出后续墙面损坏的发展情况, 所以, 这个数据仍然被保存。

本研究根据不同曲线拟合出砖墙的面内位移与裂缝宽度的对应关系为下列公式:

$$\theta = 0.06C_{max} + 0.03$$

7.3.2.1　震损墙体骨架曲线模型的建立

砖混建筑在遭受强震后, 已经发生了不同程度的破坏, 在第二次荷载作用时, 其承载力将较完整时下降, 即震损的砌体结构将成为下一次地震的目标。在

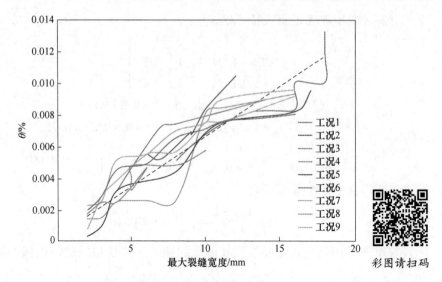

图 7-11 砖墙最大裂缝宽度与层间位移角对应关系

震灾过程中，主震之后常伴有若干次的余震，通过墙体破坏的表观特性，准确评估墙体破坏后的剩余承载力，对于今后的余震防灾减灾工作至关重要。

砖墙主要以剪切破坏为主，破坏过程可分为弹性、弹塑性和塑性三个阶段。且在大震作用下，构造柱对砖砌体结构进入弹塑性阶段后的抗震性能有重要的影响，因此本节考虑构造柱对砖砌体结构刚度和强度的影响，利用考虑构造柱影响的三线型恢复力模型作为非线性分析模型。完好试件与震损试件骨架曲线对比如图 7-12 所示。

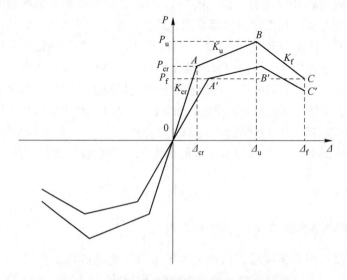

图 7-12 震损与完好墙体恢复力模型骨架曲线

7.3.2.2 完好构件特征点的计算

A 开裂阶段

根据郑山锁相关研究，对试件的开裂刚度及极限刚度进行大量试算，拟合出两者之间的关系：

$$K_{cr} = \frac{K_u}{0.3}$$

由于圈梁和构造柱对砌体墙的约束作用极大地增强了砌体墙的整体性，改变了砌体墙的受力特性，因此计算包含圈梁和构造柱的砌体墙开裂荷载时，应对圈梁和构造柱加以考虑。刘锡荟等人对此情况的砌体墙结构展开研究，提出开裂荷载计算公式如下：

$$P_{cr} = \frac{1}{\xi} f_{VE} \sqrt{1 + \frac{\sigma_0}{f_{VE}} [1 + \eta(G_c + G_m)(2A_c/A_m)]} A_m$$

式中，A_m 为砌体墙截面面积；A_c 为构造柱截面面积；G_c 为混凝土剪切模量；G_m 为砖砌体剪切模量；η 为墙柱共同工作系数，取 0.26；f_{VE} 为砖砌体抗剪强度，计算时采用材料平均值；σ_0 为竖向荷载值。

开裂荷载对应的位移：

$$\Delta_{cr} = \frac{P_{cr}}{K_{cr}}$$

B 极限阶段

当砖砌体墙在达到极限荷载时，裂缝在砌体墙大面积开展，最大裂缝宽度经测量已有厘米级别，砌体墙基本退出工作，上部荷载转由构造柱承担。根据顾祥林等人的研究成果砖墙试件极限刚度计算值：

$$K_u = \frac{\rho_v}{(1 + 4v\rho_v)l} nE_s bh$$

式中，ρ_v 为构造柱中箍筋的配筋率；E_s 为构造柱钢筋弹性模量；v 为构造柱钢筋弹性模量与混凝土弹性模量的比值；n 为构造柱个数；l 为构造柱长度；h 为构造柱截面高度。

计算墙体极限抗剪强度时，采用截面换算法考虑构造柱的约束作用。根据《砌体结构设计规范》（GB 50003—2011）中的相关公式得到：

$$P_u = f_{VE} \left(A_m + \frac{E_c}{E_m} \sum_{i=1}^{n} \eta_i A_c \right) \Big/ \gamma_{RE}$$

式中，E_m 为砖砌体弹性模量；γ_{RE} 为抗震调整系数，按规范取 0.9；η_i 为柱截面积折减系数，两边有构造柱时，$\eta_i = 0.25$，$n = 1$。

极限荷载时的变形：

$$\Delta_u = \Delta_{cr} + \frac{P_u - P_{cr}}{K_u}$$

7.3.2.3　破坏阶段

砌体墙达到破坏阶段时，裂缝程度发展至最大，继续施加荷载，裂缝仅继续扩大宽度，不再产生新裂缝，结构刚度与初始阶段相比极大程度降低，此阶段结构刚度通过理论公式无法计算，故取实际试验值代表。破坏荷载取极限荷载的 85%，即：

$$P_f = 0.85 P_u$$

7.3.2.4　震损构件特征点的计算

针对不同高宽比、轴压水平、构造柱钢筋强度与箍筋间距的砖砌体墙进行大量模拟，并确定不同破坏状态指标，将震损状态下与完好状态下的砖墙进行对比分析，从而确定震损砖墙剩余承载能力的退化程度，拟合出不同震损状态下剩余承载力的关系曲线。

部分构件模拟在不同破坏等级下墙体的骨架曲线如图 7-13 所示，对特征点进行多项式拟合，找出不同破坏等级下的剩余承载力。

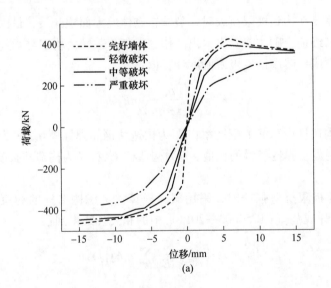

(a)

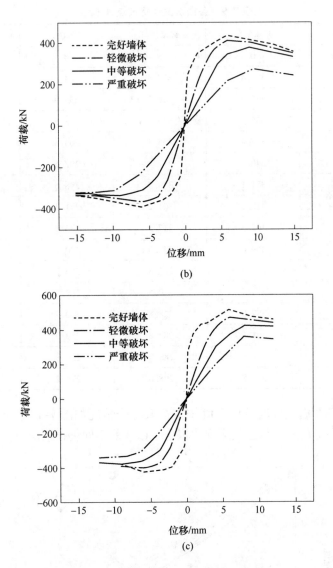

图 7-13 试件不同破坏等级下骨架曲线

A 各损伤试件特征点 A' 荷载

采用双折线原理确定各损伤试件特征点 A' 的荷载，即结构在开裂前后有刚度突变现象，具体到荷载-位移曲线的表现形式为曲率的突变，理想情况下在开裂处为直线转折点，而对于离散数据点，无法直接确定特征点 A' 荷载精确位置，因此采用差分法计算离散数据变化率，取变化率最大的位置作为结构特征点 A' 荷载进行分析，此方法提取特征点 A' 荷载数据见表 7-9。

表7-9　　各损伤试件特征点 A' 荷载　　　　　　（kN）

破坏等级	基本完好	轻微破坏	中等破坏	严重破坏
位移/mm	0	3	6	12
构件1	376.4	338.4	304.7	231.7
构件2	320.3	276.2	255.9	182.8
构件3	355.1	316.9	288.5	212.1
构件4	367.4	335.4	303.6	272.0
构件5	340.1	317.4	292.6	246.4
构件6	351.1	329.5	298.6	241.7
构件7	328.1	301.2	271.3	220.2
构件8	362.3	317.3	273.1	253.3
构件9	369.6	349.3	320.1	258.2
构件10	318.6	285.8	256.6	225.7
构件11	339.7	310.6	282.5	250.0
构件12	357.0	328.8	300.3	266.7
构件13	301.6	282.8	259.9	209.2
构件14	314.4	288.9	256.3	199.2
构件15	319.8	298.0	274.2	228.1

各构件不同震损情况下特征值 A' 点荷载拟合情况如图 7-14 所示，取最不利情况对位移— A' 荷载进行三次多项式拟合，以获取不同震损情况下的 A' 点荷载特

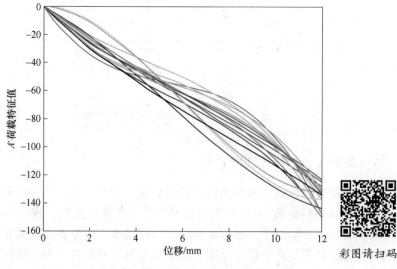

彩图请扫码

图 7-14　　不同震损情况下特征值 A' 点荷载拟合情况

征点数值，拟合公式如下：

$$Y_1 = 0.0178x^3 - 0.1846x^2 - 12.565x + C_1$$

式中，x 为不同震损情况下对应的位移；Y_1 为不同震损情况下损伤构件特征点 A' 荷载特征值；C_1 为与完好构件初始条件相关的常量。

B　各损伤试件特征点 B' 荷载

试件骨架曲线的荷载最大值为结构极限荷载，值得注意的是，有些工况下极限荷载于曲线末端取得，这是由于结构破坏形式由滑移破坏主导，此类工况下极限荷载取曲线末端极大值。此方法提取各损伤试件特征点 B' 荷载数据见表 7-10。

表 7-10　各损伤试件特征点 B' 荷载　　　　　（kN）

破坏等级	基本完好	轻微破坏	中等破坏	严重破坏
位移/mm	0	3	6	12
构件 1	516.6	472.8	442.7	360.5
构件 2	421.5	390.9	352.0	307.8
构件 3	437.5	412.6	380.0	344.9
构件 4	460.1	436.6	412.4	370.7
构件 5	445.2	417.3	393.2	369.5
构件 6	431.3	413.0	394.6	355.8
构件 7	476.5	441.4	409.7	387.0
构件 8	485.4	453.1	424.2	399.7
构件 9	411.0	385.1	357.6	323.8
构件 10	405.8	377.9	351.3	321.0
构件 11	416.7	395.5	374.6	337.2
构件 12	507.6	477.0	448.4	421.8
构件 13	422.2	391.6	364.7	337.7
构件 14	494.2	476.4	452.9	400.4
构件 15	524.5	487.2	453.2	427.4

各构件不同震损情况下特征值 B' 点荷载拟合情况如图 7-15 所示，取最不利情况对位移—B' 荷载进行三次多项式拟合，以获取不同震损情况下的 B' 点荷载特征点数值，拟合公式如下：

$$Y_2 = 0.0134x^3 - 0.0001x^2 - 13.254x + C_2$$

式中，x 为不同震损情况下对应的位移；Y_2 为不同震损情况下特征点 B' 荷载特征
值；C_2 为与完好构件初始条件相关的常量。

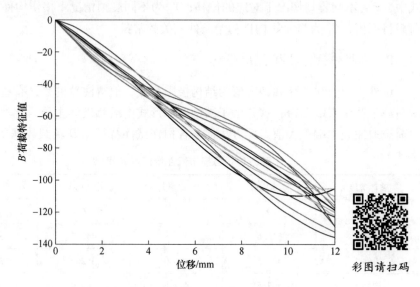

彩图请扫码

图 7-15　不同震损情况下特征值 B' 点荷载拟合情况

C　破坏阶段

与完好构件特征点取值方法相同，取 0.85 倍的震损情况下的特征点荷载进
行表征。

7.3.2.5　基于表观震害特征的损伤评价方法

在震损砖砌体墙裂缝宽度与位移的对应关系及震损构件位移与剩余承载力的
对应关系的基础上，以位移为桥梁，建立砖砌体墙基于表观震害特征的剩余承载
力评价方法：

（1）各损伤试件屈服荷载：

$$Y_1 = 0.0178\left[(0.0006C_{max}+0.0003)h\right]^3 - 0.1846\left[(0.0006C_{max}+0.0003)h\right]^2 - 12.565\left[(0.0006C_{max}+0.0003)h\right] + C_1$$

（2）各损伤试件极限荷载：

$$Y_2 = 0.0134\left[(0.0006C_{max}+0.0003)h\right]^3 - 0.0001\left[(0.0006C_{max}+0.0003)h\right]^2 - 13.254\left[(0.0006C_{max}+0.0003)h\right] + C_2$$

（3）损伤试件破坏荷载：

$$Y_3 = 0.85\{0.0134\left[(0.0006C_{max}+0.0003)h\right]^3 - 0.0001\left[(0.0006C_{max}+0.0003)h\right]^2 - 13.254\left[(0.0006C_{max}+0.0003)h\right] + C_2\}$$

式中，C_{max} 为砖砌体墙表面最大裂缝宽度，mm；h 为砖砌体墙的高度，mm；Y_1 为不同震损情况下屈服荷载特征值；Y_2 为不同震损情况下极限荷载特征值；Y_3 为不同震损情况下破坏荷载特征值；C_1、C_2 为与完好构件初始条件相关的常量，与完好状态下构件骨架曲线各特征点数值相同。

8　工业设备的震害与抗震对策

8.1　工业设备震害

8.1.1　包头地震设备震害

包头地震对包头市及包钢的工业设备和建（构）筑物造成了一定破坏。通过对震害特点的分析总结，进一步评估了抗震设防及抗震加固措施的有效性，为后续研究提供了宝贵的经验，具有很好的借鉴价值。

1996 年 5 月 3 日，内蒙古自治区包头市发生 6.4 级地震，震源深度 20 km，震中烈度 8 度，包头市处于地震的 7 度区范围之内。这次地震是继 1976 年唐山大地震后，又一次发生在百万人口以上城市的强烈地震，该地震对工业建（构）筑物的抗震能力进行了一次实体检验。

包钢从 20 世纪 50 年代开始建设，建设初期大量的工业厂房和民用建筑都未进行抗震设防。因此自 1978 年起，包钢投入经费将近 4000 万元，对大部分有加固价值的建（构）筑物进行了抗震加固，总加固面积达 172 万平方米，加固后抗震效果显著。例如，包钢 4 号转运站，上部设备及荷载重达 3000 吨，是选矿系统的生产关键之一，属于关系到全局的要害构筑物之一。原设计未考虑抗震（按 6 度），在使用过程中出现过受力裂缝，经过科学的抗震鉴定和合理的抗震加固后，其在 1996 年的地震中仅有轻微破坏。从震后现状看，转运站受到很大的水平地震作用，并且有很明显的扭转效应，但转运站仅结构薄弱部位出现受力裂缝，并且在抗震规范的允许范围之内，体现了小震不坏、中震可修、大震不倒的原则。

未加固的建（构）筑物则受到了明显的破坏，如包钢 5 号焦炉系统新建的西 12 号钢支架通廊，落地端采用砖筒支承，不符合国家标准《构筑物抗震设计规范》（GB 50191—2012）的规定，因此在地震后出现了砖筒剪坏、错位的情况，导致该通廊在刚投产使用不久就要进行加固。

工业设备方面，未进行抗震加固的包钢 3 号高炉送风的鼓风机一根油管断裂，引起风机停风，进而导致高炉停产。其震损修复除断裂的油管外，还需对整个设备系统进行修复，造成的损失高达上千万元。此外像 1 号高炉探尺折断等附属设备的损坏，也存在较大影响。

包头地震后，经过调查的各类工程构筑物（烟囱、水塔、桥梁、变电站、煤气柜、平炉、水库等）共计133座（个），其中有一半遭到不同程度破坏。市政公用设施中的供水管网、供热管网、煤气管道等管线接口断裂、管体破裂；桥、塔、罐等也有不同程度的破坏。

与包钢相邻的原"五四"钢厂（现包头稀土铁合金厂），属地方企业，由于资金困难等各种原因，抗震设防始终不能落实到位，因此大部分应加固的设施都未加固，新建工程也未进行有效的抗震设防。因此地震发生后，震害表现显著，出现了高炉倾斜、局部变形等问题。经详细测算，进行震后排险、复产及加固重建工作所需费用，比事先的抗震加固投资高出至少20倍。

现代化的大型企业是一个复杂的系统工程。在房屋建筑、构筑物抗震安全问题基本解决后，地震造成的损失和对生产系统影响程度主要取决于电、气、水等生命线和设备系统的抗震防灾能力。包头地震以及最近几次地震的震害均表明，生命线和设备系统的破坏是造成巨大震害损失的主要原因，尤其是加剧了间接经济损失。对生命线系统的强烈依赖成为城市和企业在现代社会的显著特征之一。

8.1.2 其他设备震害

通过对我国唐山、海城、天津等地的地震震害，以及美国洛杉矶、日本新潟等地地震震害进行统计，其他设备震害主要表现为以下几个方面。

8.1.2.1 电力变压器的震害

（1）电力变压器脱轨、位移、倾倒甚至短路起火、烧毁；杆上变压器掉下、摔坏。

（2）高、低压套管错位、漏油或由于母线硬性连接被拉坏。

（3）大容量变压器的悬臂式散热器脱落或连接处断裂。

（4）潜油泵与基础台相撞，造成管道断裂漏油。

（5）高压设备抗震能力不足，浮子式瓦斯继电器误动作引起误操作，造成生产的混乱。

在唐山地震中，汉沽变电站的四台主变压器均受到严重破坏，整体移位达320~720 mm，其中两台散热器损坏，变压器中油全部漏光，一台高压套管被震坏。此外，2号主变压器发生了脱轨和倾倒，导致短路起火，因蓄电池全部损坏，无法提供直流电源，因此无法进行跳闸操作，最终导致2号主变压器严重烧毁。

空气断路器等高压电瓷产品由于地震动反应大、承重结构多为低强脆性瓷件、硬连接的不利影响等原因，在历次地震中震害都比较严重。例如，在海城地震中，鞍山某变电所一组法国空气断路器的三相九瓷柱全部震断；在静冈地震中, 4 台 168 kV 高压空气断路器的 16 柱中, 有 15 柱支持瓷套发生了龟裂, 1 柱折断, 且顶部灭弧室掉落并受损。

8.1.2.2　仪器仪表类的震害

在地震中, 仪器仪表类的震害也非常常见。天津电气传动研究所的计算机系统震时损坏; 天津大学东德蔡司台式万能光学仪器、万能测长机在地震时发生扭转损坏; 南开大学紫外光度计, 震后灵敏度由 4.5 格降为 3 格, 不能继续使用; 天津碱厂动圈式仪表, 震后指示误差高达 50%, 无法保证精度, 不能使用。除上述设备之外, 电子天平等对振动比较敏感的设备震害也比较大。值得注意的是, 楼面上或平台上的设备和仪表动力由于放大系数为 1.5 ~ 2.5 倍, 因此更易发生地震破坏。

8.2　工业设备抗震的必要性

8.2.1　政府部门需要

我国是个多地震国家, 20 世纪全球 1/3 强震发生在中国, 我国 6 度以上地区占国土面积 79%, 20 世纪全世界地震死亡人数 300 余万, 中国为 155 万, 占一半以上。1976 年唐山地震造成 20 余万人死亡, 2008 年汶川地震造成近 7 万人遇难。近年来, 地震活跃频繁, 2010 年的海地大地震、2011 年的日本大地震、2015 年的尼泊尔大地震以及 2018 的印度尼西亚地震合计造成了数千亿美元的经济损失, 使人类更加认识到防震减灾的重要性。我国于 1988 年颁布《发布地震预报的规定》, 国务院分别在 1994 年、1995 年颁布《地震监测设施和地震观测环境保护条例》《破坏性地震应急条例》, 要求城市、企业制订 "地震应急预案" 和 "抗震防灾规划"。近年来, 我国陆续颁布了《中华人民共和国防震减灾法》《"十四五" 国家应急体系规划》和《新时代防震减灾事业现代化纲要 (2019—2035 年)》等法律法规和文件, 特别是 2009 年 5 月 1 日开始施行《中华人民共和国防震减灾法》, 使城市、企业防震减灾工作归入法治化。国务院原总理李克强于 2021 年 7 月 19 日签署第 744 号国务院令, 公布《建设工程抗震管理条例》, 自 2021 年 9 月 1 日起施行。《建设工程抗震管理条例》贯彻以人为本的新发展理念, 分别针对新建和已建成建设工程的不同特点, 明确各方主体责任, 强调多元参与, 加强监管体系建设, 为切实提高建设工程抗震设防能力提供了法律依据。

8.2.2　企业及社会需要

相对于工业建 (构) 筑物而言, 重要工业设备在工业企业中有着举足轻重的经济地位, 直接影响着企业的生产和经济效益。在国内外历次地震中, 工业设备遭受了巨大的震害损失，有的还发生次生灾害，不仅造成了严重的经济损失，而且波及面广，危害深远，直接影响国家的经济和民生。因此，在现代生产企业中，对工业设备进行抗震是一项不容忽视的重要工作。当工业设备遭受地震影响时，了解设备的震害程度、潜在危害以及采取何种相应对策，以便企业尽快恢复生产，最大程度地减少经济损失，成为一项至关重要的任务。

8.2.3 技术发展需要

震害预测主要包括针对建（构）筑物、生命线、设备等的震害预测，其中，对建（构）筑物、生命线等的震害预测已有了比较成熟的方法，而设备抗震仅有一些条文标准。现有标准主要着眼于设备的鉴定，其中一些过于烦琐，有的偏于简单，因此，设备抗震的相关标准仍需要进一步发展，以提供更为全面、实用且可靠的方法，从而填补这一领域的研究空白。

国家抗震主管部门和各部委抗震主管部门要求编制企业抗震防灾规划，其中设备震害预测被视为规划中的重要组成部分。然而，由于缺乏设备震害预测方法，这一工作的展开受到了制约。因此，领导部门和各个企业都迫切需要设备震害预测方法的推出。基于这一需求，经原冶金部、建设部批准，冶金部建筑研究总院（现中冶建筑研究总院有限公司）自 1994 年起启动了设备震害预测的研究，经过科研单位、高校和企业的共同努力，取得了实用性的成果，并于 1998 年荣获冶金工业部科学技术进步奖二等奖。这为设备震害预测及设备抗震工作的推广和应用提供了技术支持。

具备上述技术方面的支持，保障设备抗震工作的顺利进行。

8.3 设备抗震鉴定和加固的依据

行业内设备抗震鉴定需要综合考虑建（构）筑物和设备两方面的抗震能力，因此在进行设备抗震鉴定和加固时，主要参考下列标准和规范：

(1)《建筑抗震设计规范》(GB 50011—2010)；

(2)《构筑物抗震设计规范》(GB 50191—2012)；

(3)《工业构筑物抗震鉴定标准》(GBJ 117—1988)；

(4)《冶金工业设备抗震鉴定标准》(YB/T 9260—1998)；

(5)《石油化工设备抗震鉴定标准》(SH 3001—2013)；

(6)《工业企业电气设备抗震鉴定标准》(GB 50994—2014)；

(7)《石油化工钢制设备抗震鉴定标准》(GB/T 51273—2018)；

(8)《核电厂安全系统电气设备抗震鉴定》(GB/T 13625—1992)；

(9)《核电厂安全级电气设备抗震鉴定》(GB/T 13625—2018)。

8.4　工业设备抗震的方法

增强设备抗震能力的关键在于在生产线中防止不符合抗震设防标准的设备进入，这一目标应在设计、订货和施工阶段予以把关。

因工业设备种类繁多，一般情况下，可根据设备重要性将设备抗震设防类别划分为下述三类：

（1）甲类设备：重要的设备，遇地震破坏会导致人员大量伤亡、严重次生灾害、主要生产线长时间中断等严重后果；

（2）乙类设备：除甲类、丙类以外的设备；

（3）丙类设备：次要设备，遇地震破坏不易造成人员伤亡和较大经济损失。

在进行设备抗震加固中，根据设备的抗震设防类别的不同采取相应的处理措施。对已有工业设备的抗震加固工作，一般采用以下步骤。

8.4.1　设备震害预测

8.4.1.1　预测方法总体思路

通过对已有设备震害资料及研究成果进行分析，可以对设备种类进行合理划分，并提出震害等级划分标准。在这个过程中，将结构变形与震害对应作为基准点，应用概率分析和模糊理论，以得出设备单体的震害预测结果。

在基于单体分析的基础上，引入国际上先进的系统分析理论，提出设备系统震害评定标准。通过将设备系统模型化，可以根据其中的逻辑关系推断系统的失效概率，接着，利用布尔代数方法建立系统总损失率结构函数，从而确定系统薄弱环节所在。这种综合的方法不仅能够提高对设备单体震害预测的准确性，还能够深入了解设备系统的整体性能，为制定相应的防震策略提供有力支持。

8.4.1.2　预测方法主要内容

（1）根据设备的不同特点进行合理的分类，进一步分析设备的结构特点和震害规律。以设备直接遭受的地震破坏程度为依据，综合考虑可使用程度、修复的难易程度和所需经费等因素，将其震害划分为基本完好、轻微损坏、中等破坏、严重破坏、毁坏五个等级，并提供设备总体及各类设备的划分标准。

（2）历次国内外工业设备的震害分析表明，除因建筑物倒塌等原因致使设备破坏以外，设备单体主要破坏模式为设备连接的破坏。从设备连接这一失效模式出发，同时考虑地震作用的概率特性及结构材料强度的随机性，以结构强度为基础，结合震害调查中在地震作用下结构构件的变形大小，以及各类现行规范中的有关结构变形及许用应力的规定，确定结构震害与变形对应的量化界限值，从而反推出结构在弹性理论计算下的各破坏状态的强度界限值。通过概率分析及模糊综合评判，得出最终的设备震害预测评定结论。

（3）进行设备地震破坏的经济损失估算。

（4）工业设备系统大多由工艺复杂、形状各异、动力性能相差甚大的子系统及部件组成，一旦某部件或子系统发生故障，便有可能引起整个系统的故障，甚至产生停产的后果。借鉴国际上先进的系统分析理论，以设备单体预测及其标准为基础，综合考虑系统的震害特点、可修性、次生灾害、人员伤亡等因素，提出设备系统震害评定标准。

（5）通过分析设备系统的组成、任务等，明确子系统、单元、元件及其相互关系，确定分析的程度和水平，将设备系统模型化，给出系统的分析框图。再根据前述方法求得的单体失效概率，通过系统模型中的逻辑关系，求得系统的失效概率。

（6）对设备系统提出破坏率、重要性系数及单元损失率的概念，并根据各单体的逻辑关系，用布尔代数方法建立系统总损失率结构函数。由此对损失重要系数、结构重要系数、临界重要系数三个重要性系数进行分析，从而确定系统潜在的危险和薄弱环节所在。以便决策部门及时采取措施，以最小的投入，大大提高整个系统抗御地震的水平，将地震发生时设备系统可能产生的破坏降到最低，减少经济损失，便于后续尽快恢复生产。

（7）基于上述理论与方法，结合已有的设备抗震成果，用 MySQL 在 Windows 界面下编制"工业设备震害预测信息系统"软件。该软件可对各类设备进行现状调查、分析计算，从而获得不同地震烈度下设备抗震能力综合评价，并进行经济损失估算。通过使用"工业设备震害预测信息系统"软件，管理部门能够实现对设备的微机管理，这使得管理部门从以往繁重的工作中解放出来。同时，该系统能使设备现状一目了然，让管理部门心中有数。这样的信息透明度让管理部门能够有的放矢地采取相应的震前、震中、震后措施，大大提高企业的抗震防灾能力。这种先进的管理手段不仅提高了效率，还为企业应对地震风险提供了科学可行的方案，为整体生产和安全管理带来了全新的可能性。

8.4.2　设备抗震鉴定

根据震害预测的结果，对重要设备和地震时有可能发生破坏的设备进行抗震鉴定，找出薄弱环节，确定需要加固的设备。

8.4.3　设备抗震加固

根据工艺和生产要求，按照轻重缓急，分期分批进行抗震加固设计，采取抗震加固措施。在这一过程中，有一部分设备还要结合科研，才能确定合理的抗震对策；对一部分精密、贵重仪器设备，或者特殊设备，单纯依靠"抗震"措施可能难以解决问题，因此可以考虑采用"隔震"或"减震"的方法。

8.5　设备抗震的实际工作程序和现状

8.5.1　设备抗震方法的具体应用步骤

对于大型工业企业而言，设备众多，数量可达数万台（套）。在短时间内对所有设备开展抗震工作面临巨大困难。为了应对这一挑战，在实际工作中总结了一套切实可行的实际预测方法和步骤，现简单介绍如下：

（1）企业首先提供相应的技术资料。具体包括：

1）提供企业厂区设备布置总图。

2）提供全公司的设备台账。工业设备数量非常大，通常总公司和各分厂有一套设备台账，如全公司设备抗震统一开展，首先对全厂设备进行震害预测和采取专家筛选的方法，预测时将其划分为三类，即工艺类（炉、窑、塔、罐等），电器类（变压器、蓄电池、电抗器等），仪器仪表计算机类，由设备使用单位按照设备台账填写调查表，由鉴定单位专家技术人员和总公司内部专家技术人员进行全公司范围内的筛选预测，预测方式为现场实际检查。

3）提供之前做过鉴定的设备的鉴定资料。

4）提供之前做过加固的设备的加固资料。

5）提供建筑物的震害预测资料。

6）提供地震危险性分析成果工作报告。

7）提供厂志及年鉴。

（2）组织有关专家现场进行设备筛选工作。专家筛选分组可按照设备的分类进行，也可按照厂区分厂进行。专家筛选的结果分为 A、B、C 三类：

"A"类设备：在受到企业设防烈度的地震影响后，一般不致发生严重损坏以及危及生命和生产的重大次生灾害，震后结合排险进行调整和修复后，可以投入运行；

"B"类设备：结合生产工艺要求，需要采取合理可行的抗震加固措施，方可完善和提高其抗震能力的（通常处理和加固后可按照 A 类对待）；

"C"类设备：现场无法确定，应根据原设计资料、使用情况及设备现状，认真进行单体抗震鉴定的。

（3）按照前述预测理论和方法进行业内预测分析工作，得出预测结论。组织技术人员按照设备震害预测方法进行上机预测分析，对于繁杂的各类资料进行处理分析，最终得出设备筛选的结论和重要设备的相关预测结果，并得出加固处理建议。

得出预测结论后，便可有的放矢地对于筛选出的有隐患的设备（如 B、C 类设备）进行进一步的鉴定和加固设计工作。通过采取相应措施进行处理，以较小的投入解决设备抗震的大问题，解除隐患，提高企业的抗震防灾能力。采取针对性的处理策略有助于有效地提升设备的抗震性能，减少潜在的经济损失和生产中断。

（4）设备抗震鉴定。对筛选预测出的 C 类设备进行抗震鉴定。具体为：

1）搜集原始资料：搜集设备的地基勘探报告、设计与安装图纸或产品设计与安装说明书、调试与验收文件等原始资料。在资料不全的情况下，进行必要的调查和实测以获取更多信息。

2）核对现状与原始资料：检查设备现状与原始资料相符合程度，评估施工安装质量和设备的维护状况。特别关注主要受力部件是否存在腐蚀、变形等损坏情况。

3）场地和基础鉴定：对于地面上的设备，根据相关规定要求鉴定其所在场地、地基和基础的地震稳定性和抗震承载能力。对于楼面上或独立式结构平台上的设备，按有关规定要求鉴定支承结构的抗震承载能力。

4）分部、分项鉴定：针对各类设备的工作特点、结构类型、构造和承载力等因素，可采用分部、分项鉴定方法。最后进行综合抗震能力分析。

5）提出处理意见：在设备整体抗震性能鉴定的基础上，对不符合抗震要求的设备，提出相应的抗震鉴定处理意见。包括但不限于结构加固、地基改良、支承结构优化等建议，以提高设备的抗震性能。

（5）设备抗震加固设计。对于筛选预测中的 B 类设备和通过鉴定不满足要求需要进一步采取抗震措施的 C 类设备，按照国家相关规范及标准进行设备抗震加固设计。

（6）设备抗震加固施工。根据工艺和生产大修要求，可按照轻重缓急、资金情况等因素，对设备分期分批进行抗震加固施工，重要设备和生产关键设备可以被优先考虑进行抗震加固。有一部分设备还要结合科研，才能确定合理的抗震对策。对一部分精密、贵重仪器设备，或者特殊设备，隔震或减震技术的应用将有助于提高设备的抗震性能，确保其在地震发生时的安全可靠性。这样的差异化抗震策略不仅能够有效提升设备的抗震性能，同时也能够合理分配资源，降低实施的难度，确保在工程过程中取得最优的效果。

8.5.2 应用现状

目前，各大钢铁企业普遍认识到设备抗震问题的重要性，积极要求对本企业的生产设备开展相关预测工作。宝钢早些年已对全厂的设备进行了抗震筛选，同时对筛选出的 B、C 类设备进行了抗震鉴定及加固设计，并将课题成果编入本企业的抗震技术规定；太钢、马钢、酒钢和攀钢也已完成了相关的工作，以上企业开展的设备抗震鉴定及加固设计对当前各大钢铁企业具有很好的借鉴价值。

准确预测设备地震灾害，及时采取设备加固措施和防灾对策，能够最大程度地减少企业的经济损失，实现尽快恢复生产，可使大型企业避免数亿元以上的直接、间接经济损失。这项研究成果的应用为我国设备抗震规范和规程的编制等提供了理论依据和基础资料。

　　需要注意的是，设备本身抗震能力解决后，设备与设备之间或与附属设备之间的各种联系环节往往容易被忽略。这种情况下，发生震害可能对整个设备系统产生影响，涉及生产工艺流程、生产中的动态平衡等因素，是设备抗震工作的重点和难点。因此，在对设备进行抗震加固设计时，综合考虑设备系统的各方面因素是至关重要的。

9 增强生命线抗震能力的途径

9.1 目的和意义

地上地下管线是城市和企业基础设施的重要组成部分，它像人体内的"神经"和"血管"，日夜担负着传送信息、能量、养分的作用，是企业得以生存和正常生产的物质基础，被称为"生命线"。生命线的微小损伤都可能导致整个生产系统的瘫痪。

全世界几乎历次地震都有管网工程破坏的记载，管网工程的破坏会扩大灾情，导致抗震救灾受阻，生产难以恢复，甚至造成社会混乱。

地震后水管常会发生泄漏和破坏，影响灾民生活，有时会淹没低洼地区。煤气管道破裂，煤气外逸，遇明火就会引起火灾，又因给水系统破坏，火灾不易扑灭，大火蔓延更会造成更大次生灾害。所以做好管网系统的抗震工作对一个城市和企业来讲是非常重要的。

而生命线随着使用年限的增加，管网的破坏除地震因素外，还会因外界和内部的原因，产生不同程度的损伤，如腐蚀、变形、泄漏等。我国的地下管道发生腐蚀穿孔的情况也屡见不鲜。它不仅造成因穿孔而引起的油、气、水泄漏损失，以及由于维修所带来的材料和人力上的浪费，停工停产所造成的损失，而且还可能因腐蚀引起火灾。特别是燃气管道因腐蚀引起的爆炸，威胁人身安全，污染环境，且后果极其严重。

根据国内外经验，投产15～20年的管道逐步进入事故高发期。工业企业具有管线种类多、密度大、易腐蚀等特点，因此，无论从正常维护或抗震角度都应该对管线进行有效管理，有必要运用现代管网技术综合分析，统筹考虑，变抢修为计划检测与检修。管道破坏事故见表9-1。

表9-1 管道破坏事故

时间	地点	事故情况	损失	原因
1949年10月	美国俄亥俄州	煤气公司天然气贮罐破裂	死亡128人	腐蚀
1965年3月4日	美国路易安那	输气管线破裂着火	死亡17人	腐蚀破裂
1969年	英国内善罗石油化工公司	乙烷旁通管爆炸	死亡28人，受伤105人，损失1亿美元	—

续表 9-1

时间	地　点	事故情况	损失	原因
1970 年	日本大阪地铁	管道折断瓦斯爆炸	死亡 75 人	—
1971 年 5 月	中国四川	天然气管线爆炸起火	死亡 24 人	—
1990 年 12 月 31 日	中国北京	水管爆裂 23 起	—	—
1991 年 4 月	中国上海	ϕ100 水管爆管	—	腐蚀
1991 年 6 月	中国鞍钢	7 高炉煤气管道 1800（34 m 跨）塌落	—	排水管堵塞
1992 年 4 月 22 日	墨西哥	输油输水管爆炸	死亡 200 人，受伤 1470 人	腐蚀
1995 年 1 月	中国武汉	煤气泄漏管道断裂	损失 180 万元	—
1995 年 1 月 3 日	中国济南	煤气电缆爆炸	死亡 137 人，受伤 48 人，损失 429 万元	—
1995 年 6 月 4 日	中国上海	ϕ1000 水管顶坏	—	探测不明
1999 年 12 月 8 日	中国西安	地下天然气管道爆炸	受伤 14 人	—
2000 年 7 月 9 日	中国北京	高压蒸汽母管爆崩	死亡 6 人	—
2002 年 12 月 15 日	中国大连	煤气管道泄漏	死亡 7 人	—
2004 年 7 月 30 日	比利时	高压输气管道爆炸	死亡 24 人，受伤 132 人	—
2006 年 12 月 12 日	中国朔州	电厂主蒸汽管道爆裂	死亡 2 人，受伤 5 人	—
2010 年 12 月 21 日	中国温州	煤气管道爆炸	—	—
2016 年 7 月 21 日	中国西气东输二线中卫段	管道泄漏	—	—
2022 年 9 月 26 日	俄罗斯"北溪"管道	天然气管道爆炸泄漏	—	—
2022 年 10 月 29 日	中国江西	燃气管路在超压状态下发生泄漏爆炸	死亡 4 人，受伤 18 人	—
2023 年 11 月 28 日	波兰南部西里西亚省	煤矿地下管道发生爆裂	死亡 4 人，受伤 1 人	—

9.2　地下管线探测定位技术

我国大型工业企业管网的建设管理长期以来重视地上，忽视地下，没有一套科学和严格的管理。由于历史的原因，往往存在档案资料、图纸残缺不全的状况，当铺设新管线时，因陈旧地下管线的分布情况未知，盲目施工引起的地下管线损坏，停水、停电、停气、通信中断等事故时有发生，从而影响生产，有时甚至会导致停产、引发灾害事故。因此，尽早、尽快查清企业地下管线现状，已是急需解决的问题，也是提高企业和城市综合防灾能力的重要途径。

对金属管线采用如下方法：

（1）充电法：作为金属管线探查的主要方法。这种方法对于有暴露点的金属管线探查十分有效。探查时，将探测仪的发射机专用电缆线与待探查的目标管线暴露点相连接，保持良好的电性接触和接地条件，使目标管线带电产生磁场，保持与发射机相同的频率，沿管线前进方向左右搜寻，根据接收机上显示的目标管线产生的磁场信号强度，对目标管线进行定位追踪。

（2）电磁感应法：此法主要用于直埋地下的金属管线。该方法是在已知目标管线大致走向水平放置下，将探测仪发射机平行于目标管线走向水平放置于地面，打开电源，使发射机产生的电信号感应到待查的目标管线上，使之发生磁场，操作者持接收机垂直于目标管线走向进行搜索探查，根据接收机上显示的磁场信号强度对目标管线进行定位追踪。

（3）长导线法：对接收信号较弱的目标管线，由于不能精确地定位和连续追踪，宜采用长导线法，此方法要求目标管线至少有两个暴露点、能布设长导线、探查方法与直接法相同。

对非金属管线采用如下方法：

（1）示踪法：包括导线示踪和探头示踪。主要用于非金属自流管线的探查。该方法是将导线或探头放入管线内，用接收机搜寻导线或探头的位置，以此确定管线的走向、位置及埋深。

（2）探地雷达探测法：对于非金属压力管线，示踪法是无能为力的，只能采用探地雷达探测法对目标管线进行定位。此方法是利用探地雷达在现场对拟测目标管线作横断面扫描，通过对电磁波图像的识别和解释来确定拟测目标管线的埋深和位置。该方法也可解决其他非金属管线或金属管线的重点疑难问题。

9.3 建立管网数据库图档信息管理系统

9.3.1 必要性

管线种类繁多，结构复杂，按功能主要可分为排水管道、给水管道、燃气管道、热力管道、工业管道等，工业管道又可分为油气管道、化工管道等，按材质有钢筋混凝土管道、混凝土管道、铸铁管道、石棉水泥管道、陶土管道、钢管、聚乙烯管道、聚氯乙烯管道等。

随着我国经济的持续快速发展，企业规模日益壮大，作为企业基础设施的生命线工程更是尤为重要，企业的资料多以电子档案的形式记录保存，采用数字化方式管理。

我国对抗震防灾工作一直非常重视，特别是唐山大地震以后，专门建立了全国抗震工作机构，各地、各企业也都纷纷成立了专门的抗震防灾减灾工作部门，并制订了详细完备的抗震防灾对策，列出了主要震害、震时操作要求、震后紧急措施等，但所有这些都必须建立在对抗震对象情况的熟悉掌握上，而目前的管理方式很难使一般人员快速了解和掌握管线的分类、布置、运行等基本情况，这样在震后很难迅速执行抗震对策，来切断阀门、修复破损管线和恢复生产。

另外，随着企业生产规模的发展，既有管道改建、扩建和新建需求也会不断出现，若仍用传统的图纸进行资料保存，会给管网的日常管理带来极大的不便和麻烦，主要表现在：（1）图纸、图表管理，很难进行数据的查询、统计；（2）由于历史原因，很多管线的竣工资料残缺不全，资料精度不高或竣工资料不能及时准确归档而造成资料与现状不符，建设施工中时常发生挖断或挖坏地下管线，造成停水、停气、停电、污水四溢等严重事故；（3）既有管线的使用状况、走向、埋深等也不能很好地掌握，管道一旦出现故障如爆管等事故时，不能迅速做出处理，关闭相应阀门。这些问题有时会造成比较大的经济损失。

随着企业的不断发展，地上、地下管线种类越来越多、密度越来越大，保证管网信息完整、准确及动态更新就显得更为重要。管线数据是一个包括平面坐标、高程、管径、管材、壁厚、时间以及经济技术指标等其他参数的多维数据。传统的管理模式很难实现管网数据的动态化准确管理。在这种背景下，地上、地下管网信息系统应运而生，管网数据库图档信息管理系统是利用地理信息系统（GIS）技术和互联网、通信技术等其他专业技术，采集、管理、更新、综合分析与处理管线信息的计算机系统。可以实现资源共享，动态更新，提高检索速度，提高管理水平，使管线的信息在日常运行中达到一个直观的、可控制的状态，也为发生地震后的抢修提供了极大的方便。

目前，该类信息系统多以 ArcGIS（Esri）、QGIS 和 Mapbox 等软件平台为支撑。

9.3.2　设计原则

根据目前的软件水平，系统的设计原则应是图形三维化、程序网络化、数据动态化。

9.3.2.1　图形三维化

现今主要图形应用软件的新增功能都集中在三维上，如各类电子游戏，它们已完成从平面到伪三维到真正三维的升级，而对于 GIS 软件来讲，三维化是发展趋势，三维视图的确可以为管网管理带来很大的便利和轻松。

9.3.2.2 程序网络化

21世纪是信息的时代，是以互联网为基础的信息爆炸的时代。信息科技正在改变人类的生活方式、行为方式和思维方式。

企业地下管网错综复杂，管线数据庞大，各项管理功能不可能在一个终端用户上实现，因此需要实现数据的网络化管理和管理功能的网络化，网络化使管线管理能够完成数据共享和网上管理。

通过将数据放在专用的数据服务器上，各终端访问数据服务器达到数据共享，用户在终端凭借权限限制实现对数据的网上更新维护。当需要进行管线施工时，负责部门还可以通过网络向相关影响单位发送网络请求从而获得最新的现状资料；当发生管线事故时，还可以通过网络发送停介质通知，总之，各用户可以通过网络发送信息，网络使大家同步，随时保持联络，这就是它的作用。

9.3.2.3 数据动态化

动态就是保持数据的现势性。一个现代化的管理系统是一个不断更新的系统，不仅仅是程序要升级，硬件要升级，数据更需维护补充更新。

建立管网管理系统必须进行完整、彻底的管线普查，彻底摸清管线情况，但这仅仅是还清历史旧账，只反映了现有管线的埋设情况。随着企业的发展，原有管线要更新，新的管线要敷设，管网总是处于不断变化的状态。如果不及时进行数据内容的补充，更新，将会使普查结果逐渐失去使用价值，数据库资料将会变得过时、滞后。

普查结果反映现状，对管网进行动态管理势在必行。为此，对新建、改建管线，从规划设计、施工、竣工测量、资料归档等方面必须制定一套严格的跟踪管理制度。要求工程竣工与技术档案同步形成，确保管线信息准确输入计算机，并及时归档入库。这样才能保证管线资料的真实可靠性，真正实现管网数据的动态管理。

9.3.3 管线普查和数据建库

在地下管线普查前，首先要对普查的管线属性项目做出具体的规定。依据数据项在地下管线中所起的作用，大致可以分为标识数据项、空间数据项、属性数据项三大类。从建立管线管理系统的角度看，人们都希望所能提供的信息越多越好。所以在有些城市的管线普查中，确定要检查的数据项就比较多，而最终却大量空白，无法填上，其实确定数据项应遵守一定的规则，即必须是管网日常管理必需的，而且要保证所选项目全部或大多数能普查到。

普查要做到图纸收集和仪器探察相结合。而探测地下管线的方法也非常多，选择方法时也应遵循一定的原则，如被探测的地下管线与其周围介质之间要有明显的物性差异，被探测的地下管线所产生的异常场要有足够的强度，能在地面上用仪器探测到等。对复杂管线还应采取多种方式进行探查来相互校正。

9.3.4　系统框图

系统框图如图9-1所示。

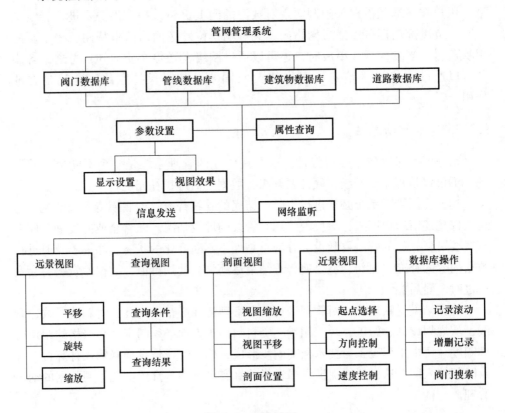

图9-1　系统框图

9.3.5　系统特点

管网管理系统不仅具备一般系统的数据库操作、图形显示、图档联动、图档互查等基本功能，而且还有自身的一些特点。

该系统以企业为目标用户，切实从企业的管网管理出发。极力强调三维功能，使用户可以从整体布置，也可以从局部视点多方位、多角度地观察管网，同时尽量准确地描绘道路、建筑物等参照物，使用户对管网的空间位置关系的认识更直观、更形象，而不是孤立地观察管线。

系统采用专用数据服务器存放数据，保证用户数据统一，通过网络监听和信息发送可以向各相关单位发送停介质通知等等。系统可以不采用大家惯用的 GIS 开发平台，而独立开发三维界面，这是和企业的特点分不开的，企业面积小，厂区规则，地形变化小，交通网络简单，建（构）筑物种类少，管线所属部门少，管线距离短，建设单位少等，概括起来就是与城市相比简单一些，对 GIS 提供的大量功能依赖性小，而且独立开发图形界面难度也稍小，脱开 GIS 平台也就没有了软件加密的麻烦，还可能会降低软件的开发成本。

在城市中，管网管理系统只是城市地理信息系统的一个子系统，那么在企业中，我们也可以建立更多的子系统，比如交通、通信、能源、绿化等，而且由于企业具有面积小、数据少等优势，所以建立一个三维的数字企业要比建立一个三维的数字城市、数字地球更现实。

9.3.6 应用步骤

（1）查阅已有地上地下管网图纸；

（2）建立适用于本企业并与其他系统配套的输入数据及图形；

（3）对图纸及文档进行录入；

（4）将录入的图档与实际管线现场核查；

（5）对不明管线进行探测，不符管线进行修正；

（6）形成图档系统初版，征求厂内有关人员意见并修改；

（7）应用培训；

（8）系统维护。

9.4 地下管线腐蚀层检测技术

9.4.1 目的意义

厂区地下水、各种土质和排出物影响成分比较复杂，随时间增长，地下输水、输气金属管道腐蚀将日趋严重。必须使漏水、漏气等事故消灭在萌芽状态（而非被动修补管道），适时局部修理或更换，但地下管道存量巨大，全部修补和更换不现实也不经济。为此，应利用管壁损伤状态监视装置，及时检测金属管道的腐蚀情况，判定最佳修理部位和时间。对地下管道安全管理做到防患于未然，为防止管道腐蚀，延长管道寿命，为管道维修计划和阴极保护系统整改计划提供科学依据，使地下管道维护管理重点化、有序化和科学化。

埋地管线防腐层破坏分两个阶段：第一阶段是铺设的管线在 1~2 年内，由于机械性破损，接头破损而造成，随后管道进入一个稳定期；第二阶段是稳定期后防腐层老化，这个时期的破损面积一般比较大，一旦破损可能造成较大泄漏，因此，管道的防腐层检测非常必要。

9.4.2　工作原理

通过向地下金属管道发送一个交流信号源，当地下金属管道防腐层被腐蚀后，该处金属管道金属部分与大地相短路，在漏点处形成电流回路，将产生漏点信号向地面辐射，并在漏点正上方辐射信号最大，只要测得辐射信号的最大值，就可确定漏点的位置。

9.4.3　评估标准

(1)《钢质管道及储罐腐蚀与防护调查方法标准》(SY/T 0087—1995)；

(2)《钢质管道管体腐蚀损伤评价方法》(SY/T 6151—2009)；

(3)《工业金属管道工程施工质量验收标准》(GB 50184—2011)；

(4)《管道防腐层检漏实验方法标准》(SY/T 0063—1992)；

(5)《埋地钢质管道石油沥青防腐层施工及验收规范》(SY/J 4020—1988)；

(6)《埋地钢质管道环氧煤沥青防腐层技术标准》(SY/T 0447—2014)；

(7)《工业管道维护检修规程》(SHS 01005—2004)；

(8)《工业金属管道设计规范》(GB 50316—2008)。

因冶金工业企业与石油化工企业存在许多不同之处，部分标准年代久远，故引用上述标准时会有一些特殊问题，对这些问题参考国外有关规范规程，以及国内外有关研究、实验、实例等应用资料确定。

9.4.4　几种检测方法

因地下管道的评估经常是在不影响正常运行的情况下进行，所以一般采用地面无损检测，地面无损检测方法目前应用的有以下几种：

(1) 管体电位测量。直接测量管体上的腐蚀电位，根据管体上腐蚀电位的分布特征判断腐蚀（阳极）部位。一方面由于测量电极直接与埋地管体保持良好的电性接触存在着实际困难，也不可能做到"连续观测"，从而使由厌氧菌或微观电偶造成的"均匀面状腐蚀"检出率下降；另一方面，管体上的各种干扰电位往往大于腐蚀电位，使该方法的应用范围受到局限，特别是在活动程度较高的地区更加难以实施。

(2) 管地电位测量。通常测量管地之间的直流电位和纵、横向电位梯度，也可以测量交流电位和电位梯度。在没有包覆层（例如铸铁管道）的情况下，可以通过管地电位测量来查明管体上的腐蚀阳极区（段）；在有包覆层的情况下管地电位测量更多地用于检测阴极（牺牲阳极）保护作用，除了作为调整阴极保护电流大小的依据以外，还可以定性地分析管道防腐层的绝缘性能好坏。

（3）超声波测量。将超声波探测器置于待测管道内并向前推进，超声波发生源向管壁发射波长极短的声波，检波元件拾取管壁两个侧面的反射信号，经处理后给出管壁瑕疵点展开图，从中可以辨识管体内、外壁腐蚀位置，腐蚀面积，蚀坑深度等，是一种较直观的检测手段。检测速度较慢，不仅需要对在线管路事先做清管处理，而且要求管路平直，难以做到"不中止管道正常运行作业"，该方法检测成本较高。

（4）漏磁测量。利用漏磁原理检测管体对电磁波的"吸收"程度，继而分析管体导电、导磁特性的变异及其分布并作出腐蚀状况评价。不同于超声波测量的是，漏磁测量只能确定管体腐蚀位置而不能区分腐蚀发生在管体内壁还是外壁，与超声波测量一样，漏磁测量也存在检测条件局限、检测速度慢、检测成本高的问题。

（5）变频-选频法。通过被测管路的某个标桩向管体和大地之间加载一定功率的交流信号，在另一标桩处检测管体与大地之间同一频率的信号，同步地改变发、收频率，直到接收功率是发射功率的5%以下即可认为"损耗殆尽"，然后利用两标桩之间管体长度、管道直径、管壁厚度、防腐绝缘层的材料损耗角正切、土壤特性阻抗等有关物理量计算两标桩之间管道防腐绝缘层的漏电阻。该方法自1990年问世以来经多次改进后，由石油天然气总公司确定为评价防腐绝缘层性能的首选方法。由于评价是以段（一般情况下一至数千米）为单位进行的，实际上给出的是段内平均漏电阻，不能指出具体破损位置，又难于给出包覆层绝缘性能详细评价资料，往往会在后续的修补工作中造成不必要的浪费。

（6）电流衰减法。传统的电流衰减法是在待测管段的起、止点上开挖，利用电桥法直接量测小段（1~2 m）管体上电位降并根据管材的电导率计算出起、止点上管中流过的电流，从而得到电流衰减率以及待测管段的漏电阻。此种方法成本高、效果差，一般情况下已很少使用。20世纪90年代由英国Radiodetection公司推出RD600-CM后，通过观测加载于管道上的交流信号在地表引起的磁场，继而利用载流导线磁场原理换算出等效电流，然后根据等效电流梯度大小定性地评价防腐绝缘层绝缘性能好坏，确定防腐绝缘层破损创面的大体位置。由于是以等效电流衰减率代替衰减系数、以传输线代替行管，且又未考虑周围土介质的电磁特性，原理上存在一定缺陷，使用上自然存在一些问题，但毕竟可以对管体进行连续测量，只要与已知情况做好对比就可以建立起界定管道防腐层性能级别的量化依据。该方法较之变频法成本低、效果好，有进一步改进、提高、发展的前景。

（7）电位梯度法。从原理上看，电位梯度法与电流衰减法并无二致，且其观测方法与管地电位法也颇为类似。不同之处在于本法是在地面测量由管道防腐绝缘层破损创面漏入大地电流的分布状态，通过变向点（地表电位零值点）确定破损位置在地表的投影并根据等位线形状判断创面大小和范围，仔细分析等位线和等梯度线特征，还可以确定破损创面的空间位置。此种方法不能对包覆层性能做分级评价，但与电流衰减法共同使用可以得到较好的效果。

（8）涡流技术。该项技术基于激励涡流衰变原理：从地面所采集的脉冲瞬变数据体中分离、提取与被测管道直接相关的时变信息，计算检测点处埋设管体的金属蚀失量和防腐层绝缘电阻；根据蚀失量和绝缘电阻的大小及其随年度的变化速率评价埋地管道腐蚀程度和状态，预测在线管道（段）运行寿命。由于时变信息需要一个累积过程，所以很难用于一次性评估。

（9）电磁波检测法。通过向管道加电磁波信号，进行地下金属防腐管道精确定位、管道深度测量、防腐层的漏蚀点检测、长距离管线追踪等，并为地下管线的穿越工程提供可靠的标定依据。

各种测试方法所用原理分别为利用超声波、电磁波、电流、电压等的差进行测试，由于现场条件的不同，如周围有噪声会影响信号的接收，周围介质不同会影响信号的传递，周围有磁场或管道与电导体的接触会影响电流电压的变化等，测试方法和手段应不同，可采用一种或多种综合手段。

当然，检测中也需要对管线进行开挖核查，并进行目视法（肉眼或放大镜）、渗透法（荧光或着色）、涡流法（检查裂纹、气泡等）、超声波法、直接称重、测壁厚、涂层测厚等。

9.4.5　具体步骤

针对地下水位、管道自身特点等具体情况，确定检测方法，如可利用电磁波检测法原理对地下管道的位置和防腐层探测检漏仪进行管道的检测。

地下管道防腐层探测检漏仪能进行地下管道的精确定位、管道深度测量、防腐层的漏蚀点检测，探测深度为 10 m，平面位置偏差小于 5 cm，深度探测精度小于埋深的 3%。测试步骤为：

（1）在测试管道的待测区域端部加上电磁波信号，被测管道表面清理干净后，用磁铁将信号加于管道；

（2）调整发送信号功率大小，使测试范围内管道有足够强度的信号；

（3）用管道定位仪探测管道的确切位置和走向，沿管线逐步延伸，测试时根据管道的周围环境，可分别用最大法或最小法确定管道位置；

（4）在确定管道的确切位置和走向后，用管道防腐层检漏仪沿管道测试有无破损点，发现破损点时进行标示，确认后进一步开挖核实或探测。

9.4.6　管道寿命预测

9.4.6.1　预测公式

根据外部土壤和内部水介质对管道的腐蚀速率也可推测出管道的使用寿命，计算公式为：

$$T_f = \frac{D - D_0}{S}$$

式中，T_f 为估测的使用寿命，年；D 为调查点处的原始管道壁厚，mm；D_0 为调查点处的管道已经腐蚀的壁厚，mm；S 为腐蚀速度，mm/a。

9.4.6.2　管道管体腐蚀损伤评价

根据《钢质管道管体腐蚀损伤评价方法》（SY/T 6151—2009）对管体腐蚀损伤进行评价，管道管体腐蚀损伤评价类别的划分见表 9-2。该评价方法采用腐蚀损伤尺寸评定法和最大安全压力评定法。

表 9-2　管体腐蚀损伤评价类别的划分

腐蚀类别	评 定 结 论	处理意见
一	腐蚀程度轻，完全可以继续使用	留用
二	腐蚀程度不严重，能维持正常运行	修理
三	腐蚀程度较严重，需降压运行或予以修理	修理
四	腐蚀程度严重，尽快降压和修理	修理
五	腐蚀程度很严重，应尽快更换	更换

管体腐蚀损伤尺寸评定法包括按蚀坑相对深度、腐蚀纵向长度、环向腐蚀影响等腐蚀尺寸进行评定。

A　按蚀坑相对深度评定

蚀坑相对深度按下式计算：

$$A = \frac{d}{t} \times 100\%$$

式中，A 为蚀坑相对深度，%；d 为实测的腐蚀区域最大蚀坑深度，mm；t 为管道公称壁厚，mm。

如果 $A \leqslant 10\%$，属第一类腐蚀；

如果 $A \geqslant 80\%$ ，属第五类腐蚀；

如果 $10\% < A < 80\%$ ，按腐蚀纵向长度、环向腐蚀影响继续进行评定。

B 按腐蚀纵向长度评定

最大允许纵向长度按下式计算：

$$L = 1.12B \sqrt{Dt}$$

式中，L 为最大允许纵向长度，mm；D 为管道公称外径，mm；B 为系数。

$$B = \sqrt{\left(\frac{A}{1.1A - 0.15}\right)^2 - 1}$$

当计算的 L 值大于实测的腐蚀区域最大纵向投影长度 L_m 时，属第二类腐蚀；当 L 小于 L_m 时，应按最大安全压力法计算和评定；

当相邻蚀坑之间未腐蚀区域小于 25 mm 时，应视为同一腐蚀坑，即蚀坑长度为相邻蚀坑与未腐蚀区长度之和。

C 环向腐蚀影响的评定

环向腐蚀长度以实测的蚀坑在垂直于管道轴线的圆周方向上的投影弧线长 C 计算。当相邻蚀坑之间未腐蚀区的最小尺寸小于 $6t$ 时，应视为同一腐蚀坑计算其投影长。

弧线长 C 的影响按下列条件评定：

条件1：

（1）$10\% < A \leqslant 20\%$ ；

（2）$20\% < A \leqslant 50\%$ ，且 $C \leqslant \pi D/3$ ；

（3）$50\% < A \leqslant 60\%$ ，且 $C \leqslant \pi D/6$ ；

（4）$60\% < A \leqslant 80\%$ ，且 $C \leqslant \pi D/12$ 。

当满足上述条件时，不必考虑 C 的影响，按腐蚀纵向长度评定。

条件2：

（1）$20\% < A \leqslant 50\%$ ，且 $C > \pi D/3$ ；

（2）$50\% < A \leqslant 60\%$ ，且 $C > \pi D/6$ ；

（3）$60\% < A \leqslant 80\%$ ，且 $C > \pi D/12$ 。

当满足上述条件时，应计算 L 值。当 $L > L_m$ 时，属第二类腐蚀；当 $L < L_m$ 时，应考虑 C 的影响，并按最大安全压力法计算和评定。

D 最大安全工作压力评定法

按腐蚀区域最大安全工作压力 P' 评定时，应分别用屈服强度理论计算出 P_s ，用断裂力学理论计算出 P_{1c} 和 P_{2c} ，并确定出 P' 。

采用屈服强度理论计算时，用下式计算：

$$P_s = 1.1P\left[\frac{1 - \frac{2}{3}\left(\frac{d}{t}\right)}{1 - \frac{2}{3}\left(\frac{d}{t\sqrt{B'^2 + 1}}\right)}\right]$$

$$P_t = 2S_y tF/D$$

$$B' = 0.893L_m/\sqrt{D \cdot t}$$

式中，P_s 为采用屈服强度理论计算时的最大安全工作压力，MPa；P 为实际额定的管理最大允许工作压力（MAOP）与 P_t 两者之中的较大者，MPa；P_t 为在未受到腐蚀情况下管线所能承受的最大压力，MPa；S_y 为材料的最小屈服强度 $+68.95$，MPa；F 为材料的设计系数；B' 为管线腐蚀系数。

采用断裂力学理论时，用下面二式计算：

$$P_{1c} = \frac{4tS_y}{1.39\pi DM}\cos^{-1}\left[\exp\left(-\frac{\pi E\delta_c}{8S_y a}\right)\right]$$

$$P_{2c} = \frac{8tS_y}{\pi DM}\cos^{-1}\left[\exp\left(-\frac{\pi E\delta_c}{8S_y a}\right)\right]$$

式中，P_{1c} 为当腐蚀坑为纵向时采用断裂力学理论计算得出的管线所能承受的最大压力值，MPa；P_{2c} 为当腐蚀坑为环向时采用断裂力学理论计算得出的管线所能承受的最大压力值，MPa；S_y 为材料的最小屈服强度，MPa；E 为材料的弹性模量；δ_c 为材料的 COD 值；M 为管道的膨胀系数；a 为腐蚀区域的当量裂纹长度；S 为腐蚀坑截面积。

计算 M 值时：

（1）对于纵向裂纹，当 $L_m > D$ 时，有：

$$M = \sqrt{1 + 3.22 \times \frac{a^2}{Dt}}$$

当 $L_m \leqslant D$ 时，有：

$$M = \sqrt{1 + 2.51 \times \frac{a^2}{Dt} - 0.054\left(\frac{a^2}{Dt}\right)^2}$$

（2）对于环向裂纹，有：

$$M = \sqrt{1 + 0.64 \times \frac{a^2}{Dt}}$$

$$a = \frac{S}{2t}$$

计算 S 值时：

（1）对于纵向裂纹，

当 $L_m \leqslant 1.2\sqrt{Dt}$ 时，

$$S = \frac{2}{3}dL_{\mathrm{m}}$$

当 $1.2\sqrt{Dt} < L_{\mathrm{m}} \leqslant \sqrt{50Dt}$ 时，

$$S = 0.8d\sqrt{Dt} + 0.25d(L_{\mathrm{m}} - 1.2\sqrt{Dt})$$

当 $L_{\mathrm{m}} > \sqrt{50Dt}$ 时，

$$S = 0.8d\sqrt{Dt} + 0.25d(\sqrt{50Dt} - 1.2\sqrt{Dt}) + 0.125d(L_{\mathrm{m}} - \sqrt{50Dt})$$

（2）对于环向裂纹，上式中的 L_{m} 应为 C。

断裂分析中所涉及的材料力学性能应以使用后发生强度退化的材料测定，方法如下：

（1）S_{y}、E 值按 GB/T 228.1—2010 测定。

（2）COD 值按 GB/T 2358—1994 测定。

（3）对于难以测定的 COD 值，按 GB 2038—1991 测定；对于难以确定性能的材料，可取原始母材相应值的 80% 计算。

腐蚀管线所能承受的最大压力 P_{d} 由下式计算：

$$P_{\mathrm{d}} = 1.1P\left(1 - \frac{d}{t}\right)$$

当 $P_{1\mathrm{c}} < P_{\mathrm{d}}$ 时，取 $P_{1\mathrm{c}} = P_{\mathrm{d}}$；当 $P_{2\mathrm{c}} < P_{\mathrm{d}}$ 时，取 $P_{2\mathrm{c}} = P_{\mathrm{d}}$。

当满足环向腐蚀条件 1 给出的细则时，取 P_{s}、$P_{1\mathrm{c}}$ 两者中的较小值为 P'；当满足环向腐蚀条件 2 给出的细则时，取 P_{s}、$P_{1\mathrm{c}}$、$P_{2\mathrm{c}}$ 三者中的较小值为 P'。

评定方法如下：

当 $P'/\mathrm{MAOP} \geqslant 100\%$，属第二类腐蚀；

当 $50\% \leqslant P'/\mathrm{MAOP} < 100\%$ 时，属第三类腐蚀；

当 $P'/\mathrm{MAOP} < 50\%$ 时，属第四类腐蚀。

也可根据采用编制的软件，用计算机进行数据处理和评定。

9.4.7 管道的防腐保护

对埋地管线腐蚀情况，可根据腐蚀程度采取防腐或更换、修复等措施。采用外防腐层加阴极保护方式联合防腐是目前常用的一种防腐措施。外防腐层使管道与土壤介质绝缘隔离，是一种行之有效的物理防护方式，但在实际工程中防腐层受损、老化等情况不可避免，阴极保护可以弥补这些缺陷。两种联合保护方式互相补充，控制腐蚀成本降低。

通常，阴极保护可将管道寿命延长一倍或几倍，而阴极保护投资只占管道总投资的 3%～5%，建设中的新管道需要施加阴极保护，已投产运行一段时间的旧管道追加阴极保护也具有实际意义。阴极保护分为外加电流的阴极保护和牺牲阳极保护。计算机分析流程如图 9-2 所示。

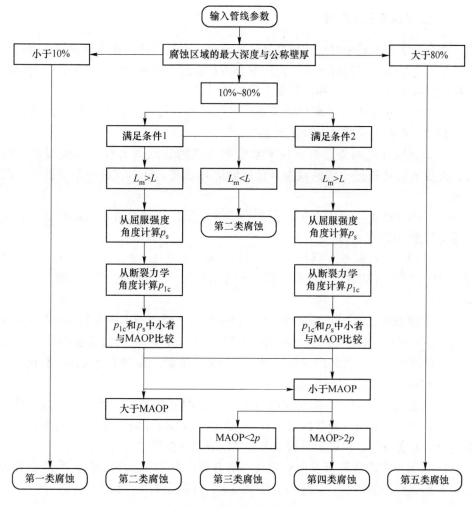

图 9-2　计算机分析流程图

9.5　地下水管线测漏技术

9.5.1　目的和意义

　　地下水管随时间增长逐渐老化，水泄漏问题也越来越普遍。明漏可以为人肉眼所见，易于及时修补，然而暗漏则由于泄漏点很隐蔽复杂，常被人们忽视，时间长久将造成惊人的漏水损失。

　　某钢铁企业一条 $\phi100$ mm 供水管经过一片农田，破裂多年，未被发现，当地农民以为是地下水，用以灌溉农田，地下水管泄漏还会影响生产、引起地基沉陷等。及时查漏修复，是十分必要的。

9.5.2　漏水探测工作原理

当自来水管道破裂时，在破裂处急速喷出的水流，冲击管道周围的介质，从而产生具有特殊频率的漏水音，由周围介质及管道传播到地面。采用特殊的拾音器探测到漏水音，就可以探测到漏水的位置。

采用的技术方法有区域环境调查、水压调查、阀栓听音调查、路面听音调查、相关分析调查及漏水点确认调查等：

（1）区域环境调查。根据自来水公司提供的管线图及有关人员提供的情况，对供水管道进行详细的调查，包括管道的长度、分布、材质及周围介质的情况。

（2）水压调查。采用水压计监测管道的水压，从而对漏水状进行分析，确定重点测漏范围。

（3）阀栓听音调查。利用听音棒对管道附属设备（阀门、消火栓、水表）进行 100% 的听音调查，以听取从漏水点传播至阀栓上的漏水音，从而发现漏水异常区段。

（4）路面听音调查。利用漏水探知机在地面上沿管道走向进行 100% 的路面听音调查。具体工作方法为：探测间距 50～70 cm，异常点处要求小于 20 cm，并在异常点处反复进行听向分析，以确定异常点位置。为避免干扰，一般在晚上 11:00 至凌晨 5:00 内进行作业。

（5）相关分析调查。在路面听音无法进行的复杂地段、重要异常点、难以确认及条件相当复杂的异常区域，应做详细的相关分析调查，利用相关仪对供水管道进行相关分析，以确定是否漏水并判断漏水点位置

（6）漏水点确认调查及漏点定位。对有漏水异常的点和区片，采用综合方法，对其进行详细调查，最终确定是否漏水，并确定漏水点位置。

9.5.3　仪器设备

（1）听漏仪（用于确定是否漏水）；
（2）相关仪（用于确定漏水位置）。

9.6　地下管道不开挖修复技术

9.6.1　目的及意义

地下的污水管道、自来水管道、煤气管道、供热管道、动力电缆和通信电缆等组成庞大的地下管网。当管道出现纵裂、渗漏、生成物沉积、堵塞或管子横截面需要扩大时，无论从技术或经济角度来看，管道的更新或修复都是必要的。

一方面所有管线的使用寿命都是有限的，使用一定时间就必须进行修复或更换；另一方面，随着企业的发展，原有的地下管线不能满足要求，也必须进行更换；在地震发生后的抢险，也需要原位、实时、不开挖修复。

传统的地下管线施工方法是"挖槽埋管法"。这种方法的主要缺点是对地上交通的影响极大，同时给企业的正常生产带来诸多不便。另外，开挖施工使道路质量变差，污染环境。当管线埋深较深、管径较大时，开挖施工极不经济。而当管线从建（构）筑物、设备底部穿过时，为减小对交通和环境的干扰，不影响上部结构、设备和生产，非开挖施工更是唯一经济可行的施工方法。

非开挖铺设地下管线技术是指利用岩土钻掘手段，在地表不开挖的情况下，铺设、修复和更换地下管线的施工技术。该项技术与传统的挖槽埋管法相比，具有不破坏环境、不影响交通、施工精度高、施工安全性好、周期短、成本低、社会经济效益显著等特点。

利用"非开挖铺设管线"，可以在一些无法实施开挖作业的地区铺设、修复管道，如古迹保护区、闹市区、河流湖泊、农作物及农田保护区等。利用该技术还可进行穿越铁路、高速公路、建筑物、河流和各种不具备开挖条件的区域实施各种辅管施工。非开挖铺管技术可广泛用于市政、电信、电力、煤气、自来水、热力等管线工程，也可用于管棚支护和水平降水工程。

国务院颁布的《城市道路管理条例》，自 1996 年 10 月 1 日开始实施，2019 年 3 月 24 日第三次修订，其中规定，新修道路五年内不准开挖，修复道路三年内不准开挖。

9.6.2 主要方法

9.6.2.1 原位更换法

原位更换法指以待更换的旧管道为导向，在将其破碎的同时，将新管拉入或顶入的方法。原位更换法分为爆管法和吃管法。

A 爆管法（胀管法）

爆管法（胀管法）是使用爆管工具从管内将旧管破碎，并将碎片挤压到周围的土层，同时将新管或套管拉入。碎管机能被引入需要更新的陶瓷、不加筋混凝土、石棉水泥、塑料或铸铁的旧管道，利用动态冲击击碎或胀开旧管，同时带入同口径或更大口径的管道。碎管机也可被穿入直径 1 m 的检修竖井里工作，随后再从管道另一端取出。只有在管道分支或急转弯时，才需要另开工作坑。更换 PE-HD（高密度聚乙烯）塑料管的施工效果最佳，工艺简便。这种材料的抗冲击韧度高，力学性能好。连接在碎管机上的管子凭借材料的柔韧性将完全按照旧管道所走的线路被铺入地下。

B　吃管法

吃管法是利用水平钻机，以旧管为导向，将旧管从端部连同周围的土层回转切削，同时顶入直径相同或稍大的管道，完成管线的更换，破碎后的旧管碎片和土由螺旋钻杆排出。

9.6.2.2　原位修复法

A　插管法

插管法是将一根直径稍小的新管直接插入或拉入旧管内，然后向新旧管之间的环形空隙灌浆，予以固结。具体分为：

（1）三层结构工法。将聚乙烯等塑料管（外径小于钢管内径 5% ~ 10%），在现场焊接到所需长度，分几次或一次牵引到位，完成管端口处理后，在管中管环形空腔中注入流动性好的聚合物水泥浆或聚氨酯泡沫材料。

（2）二层结构工法。将聚乙烯管经现场焊接由缆线拉入，经端面处理后，注入热水，最大压力达 1 MPa，使聚乙烯管膨胀，与钢管形成一个整体。

（3）挤缩工法。将聚乙烯管进入待修复的管道前，先经一系列的液压滚轮，强制性挤推聚乙烯管，减小口径，增加厚度，由缆线拉入，定位后再用水压使压缩的聚乙烯管恢复到原尺寸。

（4）U-O 形折叠内衬工法。将预制的折叠成 U 形的 HDPE 管或 PVC 管用缆线拉入，然后用蒸汽软化，将圆形球压入推挤，使 U 形恢复到 O 形紧贴在管壁上。

（5）螺旋缠绕工法。

B　软衬法

软衬法是采用玻璃纤维编织成的软管，表面以 PVC 或 PE 成膜，以热塑性树脂作为骨架材料，利用气压翻转内衬，并以指引带导向，在旧管壁内侧衬上一层热固性物质，形成衬里，衬管放入管中后，借助于在其内侧送入高温蒸汽手段，使衬管内浸渍的树脂进行反应，贴附在已有管内壁表面，形成衬里，适用管径 100 ~ 1000 mm。一次施工长度约 100 m，修复的管道寿命可达到 30 ~ 50 年。

C　喷涂法

喷涂法是利用空气压力，从管道一端将注入的高黏度环氧树脂压送至管内，在管内壁形成一定厚度均匀的树脂膜，适用管径 32 ~ 100 mm。

9.7 地上管线在线修复技术

9.7.1 目的及意义

与城市煤气管网不同，钢铁企业主要高炉煤气（BFG）、焦炉煤气（COG）、转炉煤气（LDG）、混合煤气（MG）等大部分位于地上，且与氧、氩、氢、氮、蒸汽等管道共架。管道损坏时必须及时进行修复处理。若使用传统的修复方法，必须停气检修，而一旦停气，就会引起停产，造成巨大的经济损失。目前，当管道腐蚀穿孔时，往往采取打卡子或补焊等方式进行修复，但因现场质量难以保证，常常会时隔不久再次因腐蚀而穿孔。为了不影响正常生产，需要在原位进行在线修复。

9.7.2 主要方法

地上管线修复包括堵漏和补强两个部分。可以采用以下方法：

（1）补焊外修复。对管线本体因较小裂缝漏气时，先用顶丝顶紧漏点，漏气被堵住后，将堵漏钢板四周焊牢。此法可以不停气、不泄压。对于较大面积漏气或腐蚀，可外包钢板或非金属材料。这里特别提出一种长距离管道修复的不中断修复法。在施工前，首先在待修复的一端接上旁通系统，然后断开此端的煤气管道，并连接两个特殊的密封盖，堵住被断开的管道，然后通过专门装置将聚乙烯衬管穿过密封盖推入整段待修复的管道内，旧管和新管之间的环形空间可使煤气保持流动，衬管就位后在另一个端口设置旁通系统。然后向两端的环形空间注入泡沫树脂以防止煤气泄漏。最后拆除密封盖，将衬管连接到煤气管道上再拆除旁通系统。该法技术要求高，但可以保证煤气的正常供应。

（2）软衬内修复。对于局部漏气地上管道，是将长度为 1~3 m 的衬管包扎在一个可膨胀的套筒上，利用绞车或遥控装置拉入待修复的部位，然后利用压气使滚筒膨胀，与旧管紧密接触。待树脂固化后（可常温，或利用加热固化），释放压气使滚筒收缩并收回。

（3）碳纤维修复。对由于壁厚减薄而强度不足的管段，可采用外贴焊钢板或碳纤维的方法予以加固处理。

根据国内外经验，投产 15~20 年的管道逐步进入事故高发期。为此，要综合分析，统筹考虑，有计划地开展管道的检测鉴定修复工作，变抢修为计划检测与检修，从而增强管道的抗御地震的能力。

同时，应积极开展燃气泄漏检测方面的研究和人员安排，及时报警，防患于未然。

从管理上应做好抗震防灾的应急措施准备，发生泄漏时，能及时关闭阀门，防止次生灾害发生，管线进室内或设备接头部位为抗震薄弱部位，泄漏后易造成气体积聚，因此，易燃、易冻介质管线要有放空条件，应考虑一定的燃气泄爆面积。

　　综上所述，现代管网新技术新材料日新月异地发展，为企业生命线系统的正常运转提供了强大的技术支持，同时，科学的管理，精心的维护，也是保证管网正常运行的重要方面。另外，为避免管网破坏造成的损失，应建立必要的应急系统，以提高对地震、事故等突发事件的快速反应能力。

10 大型冶金企业防震减灾系统

10.1 目的和意义

随着城市化的快速发展，人口相对集中，地震所造成的间接损失和社会影响比直接损失更加巨大而且更加难以估量。近年来，我国的许多城市和大型企业已经开展了防震减灾的一些基础性工作，如地震小区划、震害预测和应急预案的编制等。现阶段，震害预测通常是以厚厚的几大本报告作为最终的成果，既不利于管理人员的查询，也难以及时更新，地震来临时，更难以快速提供准确信息辅助决策。如 1995 年日本发生了阪神地震，虽然神户市编制过防灾规划和救灾预案，但在震后相当一段时间内，决策机构却得不到准确的灾情信息，不知所措，也由于不同权力机构的互相扯皮掣肘，耽误了最佳救援时机。同时，由于目前各企业抗震管理人员较少，也影响了抗震工作的开展。

另外，国内大型企业，每天需要处理大量变化的信息——无论是生产信息还是销售信息抑或人员管理信息。另外，许多相对比较稳定的各种信息，包括基础设施建设信息、设备添置更新报废信息等，也需要科学地管理起来。这些信息的查询便捷性，直接影响了企业的管理效率和决策的准确度。市场化带来的激烈市场竞争，深刻地影响着企业的管理模式进化，而长期以来，虽然大部分企业已经基本实现了图纸档案电子化，但还有部分企业仍然采用的是人工管理各类图纸档案的方式。人工管理这种管理方式存在着以下主要缺点：

（1）检索查询速度慢、工作量大。由于介质的局限，各种实际存在的包含各种属性的对象（如企业供水网等）不但被划分为多个图幅，同时，还被分成图纸（图形信息）和各种表格资料（属性信息）。在查询检索时，既要拼接图纸，又要查找相应的表格，费时费力。在遇到突发事件时，难以做出快速反应。

（2）存储信息量小。由于存储介质（主要是纸张）的信息存储能力弱，既不能存储丰富翔实的信息，还导致了大量档案资料在物理实体上的囤积。而且，由于纸张的保存寿命短，使得大量信息的可信度和可靠度大大降低。

（3）数据更新困难、难以保持信息的时效性。传统的图纸、档案更新起来非常困难。很容易造成"旧账"未了，又添"新账"的局面，难以应对日新月异的资料变化情况。

（4）难以利用现存的管线资料和建筑物资料等进行统计、分析、设计以利进一步的应用和改造等。旧的资料管理方式造成的结果是，一方面资料大量堆积，另一方面却难以被有效利用。

除此之外，电子管理也存在着一些不足之处，主要有以下几点：

（1）硬件与软件设施的不足。硬件与软件设施的不足是一个亟须解决的问题。鉴于电子档案对硬件设施的敏感性以及其随时可更改的特性，必须确保电子图纸档案进行充分备份，实现一式多份，并储存在不同的硬件设施中，以防止由于电脑、硬盘等存储设备损坏而导致电子图纸档案的遗失。此外，应有针对性地开发和优化查询软件，以便在海量数据中能够快速检索到所需信息。这一举措不仅有助于提高数据检索效率，也能有效应对硬件设备故障可能带来的潜在风险，确保电子档案的完整性和安全性。

（2）电子管理人才的匮乏。电子管理人才的匮乏是当前电子图纸档案管理中的一个显著问题。在档案管理工作中，相关管理人员不仅需要具备良好的档案管理素养和对信息的敏锐度，还必须熟练掌握电脑操作技能。然而，目前可供从事电子档案管理的专业人才仍相对不足，许多管理者仅具备这些要素中的某一项。在一些档案管理部门进行信息化建设的过程中，虽然引入了现代化的办公设备，但管理人员却面临在短时间内无法迅速学习办公设备操作的困境，导致这些先进资源无法得到充分利用。

（3）电子档案的保密性存在安全隐患。电子档案的信息资源通过网络进行共享和传输，而网络的受众面极其广泛，可能面临潜在的信息窃取和篡改风险。由于网络本身存在不稳定因素，任何人都有可能利用网络手段进行恶意活动。在电子文档传输和归档的过程中，还可能受到病毒或黑客的攻击，从而对电子文档中的重要内容的保密性和稳定性提出质疑。这些问题构成了当前电子档案管理过程中的主要安全挑战。为了有效应对这些威胁，必须采取综合的安全措施，包括加密技术的应用、网络安全协议的强化，以及建立健全的安全审计机制，确保电子档案在传输、存储和管理的全过程中都能够得到充分的保护。

（4）电子档案的准确性存疑。在档案管理部门信息化过程中，将过去的纸质文档转换为电子文档时，由于工作人员疏忽，容易发生信息的错误输入，导致档案信息在不经意间被篡改。此外，电子文档在修改和归档时通常不会留下明确的操作痕迹，可能出现错误修改而无法追溯原版文件的情况，从而影响电子档案的真实性。在电子文档的原始性方面也存在一些问题，因为传统纸质记录的文档原始性可以通过字迹、图案、印章等方式体现，而电子文档形式和内容之间缺乏直接的关联。档案检测部门难以在检测时判断其原始情况。此外，电子文档在不同部门和工作人员之间传阅和修改，容易发生信息丢失或删改的情况。电子文档保存的形式和格式种类繁多，使用不同的硬件设备和存储格式可能导致信息缺损，因此电子文档的完整性也难以保证。为了解决这些问题，需要在电子档案管理过程中加强对数据输入的审查和监控，引入可追溯的修改记录，并制定规范的电子文档管理流程，以确保信息的准确性、真实性和完整性。

在当今信息化的社会中，谁能更有效地利用企业资源，掌握更全面、更准确的信息，能更快做出快捷科学的决策，谁就能顺应社会的潮流，并在激烈的竞争中站稳脚跟，给企业和社会带来更高的效益。单单就地下管网来讲，建设部早在1998年4月发布了《关于加强城市地下管线规划管理的通知》，通知要求"有条件的城市应采用地理信息系统技术建立城市地下管线数据库，以便更好地对地下管线实行动态管理"。原中国国家测绘地理信息局发布了《国家基础地理信息中长期发展规划（2018—2020年)》，明确了基础地理信息的发展目标、任务和政策措施，强调空间基础设施的建设和空间数据的开放共享。关于地理信息系统（GIS）的科学技术及管理是国家治理体系和治理能力现代化的基础性技术支撑。人工智能是GIS发展的重要方向，甚至可以说是GIS的终极目标。人工智能、5G、区块链等技术已经成为GIS发展的重要驱动力，将进一步推动地理智慧的深度进化，满足更加广泛、深层的社会应用。

平、震两方面的需求，迫切需要已完成的震害预测的成果以图文并茂、便于查询、易于更新的多媒体方式表达出来，不但能反映震害评估的系列成果及地震应急预案，还要在日常的档案管理、事务处理决策中派上用场，便于快速查询分析和更新，起到"平震结合"的作用，发挥更大的效益。

防震减灾信息管理，是以直观形象的计算机图文数据反映出震害预测成果、地震应急预案、厂区建筑物、构筑物管理和现有建（构）筑物及地上地下管线的各种工程技术及管理信息，实现了图形信息与属性信息的联动查询、修改，把GIS（Geographic Information System）的技术应用到防震减灾工程技术领域和企业档案管理，变原来的静态的成果和信息为动态的、实时的、可以人机交互的操作管理过程。

10.2　GIS 的发展与应用现状

GIS的研究始于20世纪60年代，目前GIS已广泛应用于城市规划、土地利用、环境保护、灾害分析、数字制图、公共安全、车载导航、商业、医疗卫生、通信、水利、电力、交通管理、企业网络建设、军事指挥等各个领域，产生了巨大的经济效益。

GIS的应用一般基于软件平台，目前较为流行的平台有下列几款：

（1）ArcGIS（Esri）。Esri的ArcGIS平台一直是GIS领域的领导者，提供了广泛的GIS工具和服务，用于地图制作、空间分析等应用。

（2）QGIS。QGIS是一个开源的GIS平台，具有强大的功能，用户可以免费使用。它提供了许多插件和工具，支持各种地理数据格式。

（3）Google Earth Engine。Google Earth Engine 是一个云平台，提供了大量的遥感数据和分析工具，用于环境和地球科学研究。

（4）MapInfo Professional。由 Pitney Bowes Software 开发的 MapInfo 是一个商业 GIS 平台，用于地图制作、空间分析和数据可视化。

（5）Open Street Map（OSM）。OSM 是一个开源的地图数据项目，允许用户编辑和使用地理数据。许多 GIS 应用程序和平台使用 OSM 数据。

（6）Leaflet。Leaflet 是一个用于创建交互式地图的 Java Script 库，广泛应用于 Web GIS 开发。

（7）PostGIS。PostGIS 是一个用于 PostgreSQL 数据库的空间数据库扩展，支持地理对象的存储和查询。

（8）Mapbox。Mapbox 提供了一系列地图制图工具和 API，广泛应用于 Web 和移动应用程序中。

我国在这方面的研究工作始于 20 世纪 80 年代，并迅速得到了发展。中国在 GIS 领域有多个成熟的平台，涵盖了不同领域和需求。以下是一些目前较为成熟的 GIS 平台：

（1）SuperMap GIS（超图软件）。SuperMap GIS 是中国本土的 GIS 软件公司，提供了一系列的 GIS 产品和服务，包括 SuperMap iDesktop、SuperMap iServer、SuperMap Online 等。其产品涵盖了桌面 GIS、服务器 GIS 和云 GIS 等多个方面。

（2）MapGIS（北京图行科技）。MapGIS 是一家专业的地理信息系统软件提供商，提供桌面 GIS、服务器 GIS、移动 GIS 等多个产品系列，广泛应用于城市规划、土地管理、资源勘查等领域。

（3）ArcGIS（Esri 中国）。Esri 在中国设有子公司，提供 ArcGIS 平台，包括 ArcGIS Desktop、ArcGIS Server、ArcGIS Online 等产品。Esri 的 ArcGIS 是全球范围内使用最广泛的商业 GIS 平台之一。

（4）GeoStar（北京中科拓普）。GeoStar 是一家专业的 GIS 软件和服务提供商，提供了桌面 GIS、服务器 GIS、移动 GIS 等产品，广泛应用于城市管理、水资源、环境保护等领域。

（5）南方数码地图（南方电网公司）。南方数码地图是由南方电网公司独立研发的一套 GIS 系统，主要应用于电力行业，包括电网规划、运行管理等。

（6）中国地图 GIS（中国地图出版社）：中国地图 GIS 是中国地图出版社推出的一套 GIS 软件，广泛应用于地图制图、地理教育、自然资源管理等领域。

工程技术领域的 GIS 目前也已非常普遍。在防震减灾方面，国际上一些发达国家已经建立了多种抗御自然灾害和人为灾害的应急反应系统，如美国的"紧急事务管理系统"（EMS），欧洲五国在 EUREKA 计划下研制的"重大紧急事件智能管理系统"（DRS）等，这些都对抗御各类灾害起到了积极的作用。

20 世纪 80 年代末和 90 年代初，国内许多科研机构开发了应用于防震减灾工程的计算机辅助系统，如中国地震局工程力学研究所开发的针对建筑物单体的震害易损性评价的"PDSMSMB-1 多层砌体房屋震害预测专家系统"（1989 年）；电子科学研究院知识工程研究所和清华大学土木系合作研究的"城市人口地震避难规划专家系统 UPEAES-1"（1990 年）以及中国建筑科学研究院开发的"震害预测计算机辅助系统 DPAS"（1992 年）。这些系统都对防震减灾工作的电子化、现代化起到了积极的推动作用。国家自然科学基金设立的"八五"（1991—1995 年）重大项目"城市与工程减灾基础研究"，集中了国内十几所著名大学和科研院所进行攻关，选择了四个示范城市，即镇江、汕头、鞍山、唐山进行综合减灾示范研究。它的实施与完成对推动我国的减灾研究具有重大意义。

自"九五"（1996—2000 年）开始，中国地震局开展了多个城市和城市群示范城市的震害预测和防震减灾对策研究，并将在这些城市率先建成城市防震减灾信息管理和辅助决策系统。这些项目的实施，是我国城市防震减灾科学化和现代化的重要标志。2003 年，《地震灾害预测及其信息管理系统技术规范》（GB/T 19428—2003）正式颁布，不仅详尽规定了信息系统所需技术和功能的明确要求，同时也在推动研发领域朝着规范化和通用化的方向发展。2014 年更新后的《地震灾害预测及信息管理系统技术规范》（GB/T 19428—2014）则完善了为生命线震害隧道领域的研究、规范烈度对震害预测地震输入的规定以及震害损失评估功能，自此，地理信息系统在震害分析计算中得到了广泛且深入的应用。

1994—1997 年，由中国地震局、新疆维吾尔自治区人民政府和乌鲁木齐市政府共同完成的"乌鲁木齐防震减灾管理系统"是国内较早的基于 GIS 平台的防震减灾管理系统之一。该系统采用 GIS 技术，基于美国的 ARC/INFO 平台，完成了乌鲁木齐市民用建筑物和城市生命线工程的震害预测以及市区的地震危险性分析，并且存储了大量的城市基础建设的数据和图件，在城市的防震减灾和日常管理的现代化的结合上做了有益的探索，取得了相应的成效。表 10-1 是自 1995 年以来我国的一些科研机构在这方面所做的科研工作。

表 10-1 1995 年以来我国的一些科研机构在这方面所做的科研工作

名　称	完　成　单　位	平台	年份
地震灾害信息系统的研究与建立	中国地震局地球物理研究所，中国科学院地理研究所	ARC/INFO	1995
基于 GIS 的城市防震减灾计算机信息管理系统集成设计	福建省地震局，北京大学	MAPGIS	1997
大庆油田防震减灾信息及辅助决策系统	中国地震局工程力学研究所	ArcView	1998

名　　称	完 成 单 位	平台	年份
大连经济技术开发区震害预测与防震减灾对策	辽宁省地震局	ArcView	1998
宝钢抗震防灾对策系统	上海市地震局宝钢三防办	MAPINFO	1999
马鞍山钢铁公司防震减灾计算机管理系统	安徽省地震局，安徽省地理信息中心	ARC/INFO	1999
合肥市防震减灾计算机信息管理系统	安徽省地震局，安徽省地理信息中心	ArcView	2000
沈阳市建筑物抗震普查信息管理系统	沈阳建筑大学	ArcView	2005
宁夏地震灾害应急救援决策系统	宁夏回族自治区地震局	ArcGIS	2012
城市地震灾害预测信息系统	中国建筑科学研究院	SuperMap	2015
城乡建筑物震害预测系统	防灾科技学院	ArcGIS	2017
地质灾害管理系统	山西省测绘地理信息院	ArcGIS	2021

目前针对企业的防震减灾地理信息系统的开发研究还不多，主要原因有：

（1）防震减灾和 GIS 都属于交叉学科，获取足够的基础数据和得到震害预测的结果需要许多专业的配合以及企业的足够重视，可以说这是一项复杂的系统工程。

（2）缺乏基础数据。由于以往企业的信息管理大多还保存在纸质介质上，电子化程度不高，更新不够及时，导致数据的质量参差不齐、精度不够高、时效性差。而数据（包括地图及各种相关数据）又是整个系统的核心，没有足够数量和质量的数据，任何系统都将变得没有实际意义。

（3）企业对 GIS 的认识还不足。虽然目前企业普遍感到对于管理和处理纷繁芜杂的资料效率低下、电子化程度低、重复工作多、各部门信息交流不通畅，却又不了解更好的解决方法。

（4）在我国，GIS 的应用还没有在企业级层面展开，应用范例还不多，影响了企业对 GIS 的了解。

以下就冶金企业防震减灾 GIS 信息系统做一些介绍。

10.3　系统目标

10.3.1　企业特点

大型冶金企业作为国民经济支柱之一，它有如下特点：

（1）规模大。大型冶金企业一般规模年产值过百亿，职工人数两万至几十万，在国民经济中处于举足轻重的地位。

（2）系统复杂。大型冶金企业本身是一个完备的工业体系，从生命线系统、交通运输系统到生产工艺，系统的各子系统是相辅相成的。只要有一个系统受影响，就有可能影响全系统。

（3）工业建（构）筑物多。具有高炉、炼钢炉、轧机等大型设施和几十千米的皮带通廊、几百千米的管道支架，仅马钢主要生产厂登记在册的工业建（构）筑物有5400多座。它们属性各异，为决策部门带来困难。

10.3.2　系统目标

建立该系统主要有下述目标：

（1）提高防震减灾能力。提高防震减灾能力，增强企业的抗风险能力，确保企业在遭遇突然破坏时，其功能、生产和职工生活正常有序。

（2）建立决策支持系统。建立应对紧急情况的数据库和各种应急预案，以及各种分析手段，为此要建立本地区地质构造、地基的工程地质特性库、工业及民用建筑的结构和抗震能力库、生命线系统库、交通运输系统、应急预案系统、流量平衡系统等。

（3）平震结合。系统既服务于地震等紧急情况，更服务于日常的生产管理，因有破坏的地震一般极少发生，但生产天天在进行，所以系统能服务于生产，并能在紧急情况下及时进行调阅和分析，以协助抢险救灾，降低灾害损失。

10.4　系统设计

10.4.1　设计原则

系统设计时，主要遵循了下述原则：

（1）面向实用。确保系统建成后能满足各相关部门日常管理工作的需要，提高管理水平，促进管理工作科学化、现代化和规范化。

（2）功能完善。能满足生产管理部门的需要，实现空间数据与属性数据的有效连接，实现交互式图形数据与属性数据的双向查询。

（3）可靠安全。在进行系统总体设计及各功能模块设计时，考虑了数据的安全可靠，对有疑问的数据做出标记。系统具有相应的保密性，根据用户级别设置相应权限，以防资料外流。系统具有容错能力，运行稳定、安全、可靠和自动维护功能。

（4）适应性强。对于系统应用中小的变动，系统只需作较小的修改便可正确运行，以适应生产管理部门工作的深入和加强。同时该系统的客户端程序具有自动更新功能，大大减少了程序维护工作量。同时系统应满足不同层次的需求。

（5）可扩展性好。充分考虑系统以后的升级和其他模块的加入，为系统的扩充预留接口。系统具有通用性，适应性和扩展性。

（6）可操作性。由于使用者应用计算机水平各不相同，系统设计应界面友好、易懂，可操作性强，协同性好，使系统易学易用。功能模块根据生产管理部门职能分工不同来设置，可有相互独立性。

（7）先进性。系统采用最新的数据仓库，GIS、WEB 技术。

10.4.2　关键技术

系统主要应用的关键技术有如下几种：

（1）GIS 技术。这是一个获取、存取、编辑、处理、分析和显示地理数据的空间信息系统。它把人文属性与空间属性有机结合，是一种决策支持信息系统。人类所接触的信息中有 80% 与地理信息有关。防震减灾的各项工作均与地理有关，所以必须应用 GIS 技术。

（2）数据仓库技术。由于 GIS 生产数据海量，为了能有效地检索信息，并对数据进行分析，必须采用数据仓库技术。

（3）WEB 技术。为了使程序能让从管理层到具体的操作员都能快速地访问系统，WEB 技术是最好的方案。

（4）逻辑分析技术。逻辑分析技术是依据现实管网，在直观表达基础上进一步抽象，以更简明的关系表达实际的存在，同时在实际与抽象之间建立相互转换的快速通道，以便在事故发生时能迅速有效地进行处理。

10.4.3　系统构成

从数据流程看，系统主要由数据采集、存储、查询、分析、更新几部分构成：

（1）采集，完成数据的初始化建库工作，它是完成系统工作的主要部分；

（2）存储，把采集的数据上载到数据仓库，使数据安全可靠而又使用方便；

（3）查询，是使用数据的常用方式；

（4）分析，结合库中的数据和实际情况进行分析，是系统运用是否有效的关键；

（5）更新，当实际情况发生变化时，对数据库的数据同步更新，它是系统保持有效的关键。

从系统软件上看，系统主要由测量软件、GIS 采集软件、数据库系统、客户端软件、分析软件等部分构成。

10.4.4　网络体系结构

系统运行于企业的局域网，连通到各用户单位，对于远程用户可以通过宽带连接的方式。马钢是利用现有的 FDDI 主干网络，网络主干数据传输速率为

100 Mbps，节点速率为 10 Mbps，能满足日常地理信息管理工作的需要。

10.5 功能模块划分

为了达到以上目的，系统的结构框图如图 10-1 所示。

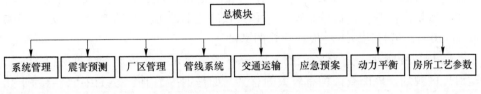

图 10-1 系统的结构框图

10.5.1 系统管理

系统管理的主要工作为实现用户管理及授权用户系统菜单的可用性、修改登录密码以及进行打印机设置等功能。

10.5.2 震害预测

震害预测图如图 10-2 所示。

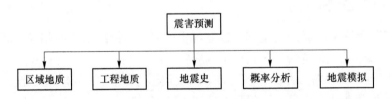

图 10-2 震害预测图

本部分包含以下内容：

（1）区域地质。因地震的发生与否，是由区域地质构造决定的。特别是板块、大断裂、火山活动等，首先建立区域地质库。

（2）工程地质。在大的地质环境下，具体建筑物的稳定性还决定其所在地的工程地质特性，它的数据来源是工程地质的钻孔和剖面分析数据，建立该数据库可以为以后的基建、技改、规划设计提供非常有用的参考，也可以节省大量的重复投资。

（3）地震史。本地区的地震活动历史，为地震分析做参照依据。

（4）概率分析。参照地震评估分析模型对地震发生的概率进行分析。

（5）地震模拟。设定地震发生源的特征，对在各地发生的地震进行模拟设定，求出它波及本地的震害程度。

10.5.3　厂区管理

建立工业与民用建筑基本数据库，同时建立一套测量、工程验收、数字图纸管理系统的框架，以提高公司的历史资料的利用率。

（1）基础地图。基础地图是所有工程的基础，包含区域地图、基础地图。其中区域地图反映本地区的行政分布和大致的地形地貌。基础地图一般是1∶500或1∶1000，是表达以下各模块功能的基础。

（2）厂界管理。建立各厂的平面分布图，显示各厂在地理上的相互关系，这对厂区规划、地图查询均有较大的意义。如马钢占了半个马鞍山市，有六十几个单位，除了几个大厂外，一般人对厂的分布都不熟悉，通过地图能很方便地查询。另外，系统还建立了全市单位分布数据库，能查询全市五千多块地的使用情况。

（3）紧急疏散地。规划出紧急疏散地，以供应急时使用。

（4）建（构）筑物管理。以基础地图为参照，建立图形和属性数据库，同时可以附上建筑的照片等。

（5）征迁分析。在指定的征地范围内，计算所征地块的权属和占用建筑物的数量。

10.5.4　全系统逻辑

本模块是在 GIS 系统的基础上建立各生产厂与生命线系统的相互关系，以及各专业厂之间的工艺逻辑。包括以下内容：

（1）生产厂分布。在原厂区分布的基础上，分出各厂的功能属性，属性数据包括各厂的功能、产量、消耗量、职工人数等。

（2）厂区专题。对生产厂各属性的性质以不同的专题进行简单明了的显示。

（3）工艺逻辑。各厂在工艺上的相互依赖关系。各厂以对象的方式表达其物料、动力的来源，其产品的出处，建立各生产厂之间的工艺上的逻辑关系，以完整、形象的形式表达全公司的物质和能量流。

（4）动力逻辑。在工艺逻辑的基础上，细化生命线系统与各生产厂之间的联系，并形象地以逻辑关系表达。建立逻辑关系与 GIS 系统的对应关系，并可相互之间进行转换。

10.5.5　管线系统

管线被称为生命线，是企业正常生产和抢险救灾的必要条件，以马钢为例，企业有如下管种：

（1）水：生产上水、生产下水、污泥排水、含油水、过滤水、软水、净循环回水、高压污循环水、中压污循环水、低压污循环水、除尘给水等。

（2）气：转炉煤气、高炉煤气、焦炉煤气、混合煤气、氧气、氢气、氩气、蒸汽、压缩空气等。

（3）电：高压电、低压电、控制信号、通信信号等。

管线系统的主要功能模块有以下几种：

（1）计算机监理入库。完成原始数据错误检查，生成管线图库和属性数据库，并建立图数关联关系。在 GIS 开发中，数据采集占到整个工作量的 60% 以上。

（2）综合查询。可根据需要查阅任意一点的空间数据和属性数据，并可根据实际变化进行数据更新。也可以采用交互式图形与属性双向查询，即查找符合指定条件的管网空间数据和属性数据，采用互动方式进行查询，即点击管线或结点会出现其空间数据和属性数据，点击其数据会出现管线和结点。

（3）事故分析。提供事故发生地的地理位置及管线现状，确定其影响区域范围，指出相关阀门及仪表，进行量损耗分析，绘制影响区域现状管线图，打印相关报表。

（4）管道统计分析。对成果资料中的不同类型的成果信息采用分层管理，方便用户打开或关闭相应的信息层，进行查阅即可知道其管道总长度、结点及组合信息、相关属性，并可统计生成柱面图、饼图、立体图。

（5）管点漫游。利用管点的拓扑结构关系，可以实现管点的全程漫游。

（6）管线综合。包含任意断面的生成与分析，及各种管线的空间相互关系。

10.5.6 交通运输

交通主要分为铁路和公路两部分，铁路又分为厂区铁路和国家铁路两类。公路分几个级别，再加上皮带运输系统，基本可以了解企业整个物质流的过程，对优化系统配置、调整运输线路有较大的帮助，更可以提高在紧急情况下指挥调度速度和效率。

（1）铁路系统。铁路是大型冶金企业内部的主要运输方式，系统包含了铁路中结点、道岔、区、管理单位等。

（2）公路系统。包含厂区内外部的完整路径，据此实现最短路径分析。

（3）皮带运输。皮带运输是原料、燃料的主要运输方式，据此可基本了解企业生产的物料来源。

（4）最短路径分析。结合道路交通信息，判定到事故发生点和事故处理点的最短路径，提高事故处理效率。

10.5.7 房所工艺参数

房所是生产系统调度的关键节点，是保证设备正常运行及生产正常进行的基础。主要包括如下几方面内容：

（1）概况。主要包括房所的基本情况。具体的内容有主要设备的装机容量、主要的用户、物质、能量来源等。

（2）工艺系统图。以工艺为主逻辑编制各系统图。主要有工艺流程图、高压电气图、低压电气图、平面位置图。在图上标出各重要设施的名称，并与其属性相关联。

（3）设备表。设备主要分专业设备和通用电气设备两种。在库中详细标明各设备的属性，并与工艺图相关联。

（4）工艺参数。使系统能正常运转的各参数，以及各参数的阈值及正常值。一般有压力、水位、流量、温度等。

（5）正常运行方式。正常运行时一般的开机量、备用量，以及一般的正常操作要领。要使其正常运行各房所需要具备的基本条件，如水源、气源、电源等，以及在某条件不足时所要采取的措施。

10.5.8　应急预案

对各种可能发生的事故预设各种可能以及所要采取的措施。对已明确的事故点，可分析出其后果及需要采取的措施。包括以下内容：

（1）事故案例。对各种常见的事故类型和处理办法进行分类列举，对典型案例配以多媒体以直观示范。

（2）预案查询。为了尽可能减少事故发生所带来的损失，应制定各种事故预案。该功能有效地对各种预案进行快速查询。

（3）处理向导。根据一般的处理步骤和原则，使用向导一步一步地推导出需要采取的措施，对出现的每一设备均可在系统图和 GIS 图中定位。为此对每一常规故障必须预定义故障的处理办法。

10.5.9　动力介质平衡

根据工艺和动力逻辑关系，对由各种原因造成的供需变化进行调节，以达到最佳的生产状态，主要包括以下内容：

（1）工艺逻辑。根据管网拓扑关系，自动生成系统的工艺逻辑关系，并以直观的方式显示。

（2）保供等级。它表示系统用户保障等级以及其动力介质需求的最小、平均、最大的量。对动力源表示它对系统的供给能力。

（3）设备遥测。表示系统的运行状态，它是系统调度的实时参数。

（4）动力平衡。依据工艺逻辑和保供等级，对参与平衡的介质的所有生产与消耗的生产线（设备）单元，自动统计出当前的生产量与消耗量，当供需平衡被打破时，根据调度策略、设备遥测数据和生产要求进行设置，自动进行平衡计算。

10.6　系统的维护及应用

系统建成后，为使系统能持久地发挥作用，必须建立有效的管理制度。如马钢制订了《数据维护管理办法》。各生产二级单位对新建、技改、维修等工作应在设计前提出申请，在设计后进行审查，在竣工后归档竣工图纸，做到管线管理合理，施工不发生意外事故，系统数据及时更新，保证系统具有时效性。同时，在管理上应明确一个归口单位，避免政出多门和资源浪费。

系统经过开发、运行、维护和多次更新迭代，在马钢等冶金企业的实际使用中已取得良好效果，大大提高了抗震管理效率和管理水平。随着系统不断地更新、完善，可很好地服务于防震减灾和日常管理工作，同时可作为防震减灾自动化系统的核心软件，应用前景非常广阔。

参 考 文 献

[1] 李永录，耿树江，张文革，等 . 从汶川地震震害看如何提高工业建筑抗震能力 [J]. 工业建筑，2009，39（1）：16-19.

[2] 王威，郑山锁 . 工业厂房在 2008 汶川大地震中的震害分析及启示 [J]. 地震工程与工程振动，2011，31（1）：130-141.

[3] 徐建，岳清瑞，曾滨，等 . 工业建筑抗震关键技术研究 [J]. 土木工程学报，2018，51（11）：1-7.

[4] 王广浩 . 震损单层钢筋混凝土排架厂房的损伤评价方法 [D]. 北京：中冶集团建筑研究总院，2022.

[5] 夏钰 . 震损砌体结构的损伤评价方法试验研究 [D]. 北京：中冶集团建筑研究总院，2023.

[6] 吕西林 . 建筑结构抗震设计理论与实例 [M]. 上海：同济大学出版社，2015.

[7] 朱绪林，林明强，高蕊，等 . 中国建筑结构减隔震技术应用研究进展 [J]. 华北地震科学，2020，38（4）：86-91.

[8] 葛根旺，王军伟，晋宇 . 高层隔震结构的应用现状与研究进展 [J]. 工程抗震与加固改造，2020，42（6）：53-62，69.

[9] 丁阳，董宇乔，石运东，等 . 大跨空间结构隔震研究进展 [J]. 东南大学学报（自然科学版），2023，53（5）：857-868.

[10] 吴应雄，黄净，林树枝，等 . 建筑隔震构造设计与应用现状 [J]. 土木工程学报，2018，51（2）：62-73，94.

[11] 杜海洋，韩阳，段君峰，等 . 叠层隔震支座的实验研究与应用现状 [J]. 市政技术，2017，35（6）：185-187.

[12] 徐康 . 基于磁流变阻尼器结构智能控制研究 [D]. 合肥：合肥工业大学，2011.

[13] 刘伟庆，董军，王曙光，等 . 宿迁市文体综合馆基础隔震设计 [J]. 建筑结构学报，2003（2）：20-24.

[14] 章征涛，夏长春，樊嵘，等 . 宿迁苏豪银座层间隔震设计 [J]. 建筑结构，2013，43（19）：54-59.

[15] 杜东升，王曙光，刘伟庆 . 某高层结构国际公寓楼的隔震设计研究 [J]. 特种结构，2009，26（4）：11-15，39.

[16] 王曙光，陆伟东，刘伟庆，等 . 昆明新国际机场航站楼基础隔震设计及抗震性能分析 [J]. 振动与冲击，2011，30（11）：260-265.

[17] 束伟农，朱忠义，张琳，等 . 北京新机场航站楼隔震设计与探讨 [J]. 建筑结构，2017，47（18）：6-9.

[18] 卜龙瑰，吴中群，束伟农，等 . 海口美兰国际机场 T2 航站楼跨层隔震设计研究 [J]. 建筑结构，2018，48（20）：79-82.

[19] 吴宏磊，丁洁民，陈长嘉 . 高地震烈度区体育馆建筑隔震结构设计研究 [J]. 建筑结构，2020，50（3）：45-51，113.

[20] 中日联合考察团，周福霖，崔鸿超，等 . 东日本大地震灾害考察报告 [J]. 建筑结构，

2012，42（4）：1-20.

[21] 潘毅，高海旺，熊耀清，等．泸定6.8级地震减隔震建筑震害调查与分析［J］．建筑结构学报，2023，44（12）：122-136.

[22] 周云，吴从晓，张崇凌，等．芦山县人民医院门诊综合楼隔震结构分析与设计［J］．建筑结构，2013，43（24）：23-27.

[23] 潘毅，张弛，高宪，等．台湾美浓6.7级地震框架结构震害调查与分析［J］．土木工程学报，2016，49（S1）：118.